Thèse

R-2305
C. I

à conserver

LA DESCRIPTION

DES NOVVEAVX

FOVRNEAVX

PHILOSOPHIQVES,

OV

ART DISTILLATOIRE,

Par le moyen duquel sont tirez les Esprits,
Huiles, Fleurs, & autres Medicaments:
Par vne voye aisée & auec grand profit, des
Vegetaux, Animaux, & Mineraux.

Auec leur vsage, tant dans la Chymie, que dans
la Medecine.

Mis en lumiere en faueur des Amateurs
de la Verité.

Par IEAN RODOLPHE GLAVBER.

Et traduit en nostre Langue,

Par LE SIEVR DV TEIL.

A PARIS,

Chez THOMAS IOLLY Libraire Iuré, ruë S.
Iacques, au coin de la ruë de la Parcheminerie,
aux Armes de Hollande.

M.DC.LIX.

Auec Priuilege du Roy.

PREFACE

SVR LA TRADVCTION
Françoise des Oeuvres

DE GLAVBER.

I ie n'eſtois pas ennemy des longues Prefaces, j'aurois icy vne belle carriere à m'eſtendre ſur les loüanges de la Chymie, & ſur celles de Glauber, dont les Oeuures ſont ſi vniuerſellement recherchées, qu'elles ſeront bien-toſt traduites d'Allemand en toutes les principales Langues de l'Europe. Je pourrois dire auec ve-

PREFACE.

rité que les Hommes ne sçauroient s'addonner à vne estude
plus vtile ny plus agreable qu'à
celle de la Chymie ; puis qu'elle est
fondée sur les demonstrations
sensibles des Principes de la Nature. C'est vne analysie bien plus
certaine que celle d'Aristote, qui
n'apprend qu'à resoudre le sens
& l'interpretation des paroles :
Mais la Chymie apprend à resoudre les substances ; Elle penetre dans ce qu'il y a de plus caché, & quelque soin que la Nature ait pris de le dérober à nostre connoissance ; elle l'expose à
nos yeux & à nos mains. L'v-
sage des Huiles, des Esprits, des
Sels, & des Essences, est bien plus
efficace & plus salutaire que ce-

PREFACE.

luy des potions de la Medecine
commune. La Chymie ne charge
point l'estomac de ce qui est impur & grossier, elle ne donne au
corps humain que ce qui le peut
soulager. Quant à cette Partie
qui enseigne la connoissance des
metaux, & le moyen de les con-
duire iusques à la perfection de
l'or, quoy que la Pierre Philoso-
phale passe pour une Chimere
dans l'esprit du peuple, il faut
neantmoins aduoüer, qu'il y a des
raisons si pertinentes pour en
monstrer la possibilité, & qu'v-
ne si grande quantité d'habiles
gens en ont escrit, qu'il y a dequoy conuaincre les plus opinia-
stres. C'est dequoy les Anciens
tombent d'accord auec les Mo-

dernes , & depuis le siecle du grand Hermes iusques au nostre, on trouuera que les hommes les plus sçauans ont fait vne particuliere profeßion de cét Art. Salomon n'eut iamais eu vne si parfaite connoißance de toutes les plantes, depuis l'hyssope iusqu'au Cedre, s'il ne se fust seruy des lumieres que l'on tire de ses operations. Pour conceuoir l'estime que l'on en doit faire, il ne faut que lire ce qu'en ont escrit Geber, Rasis , Roger Bacon, Arnaud de Villeneuue, Isaac Hollandois, l'incomparable Raymond Lulle, l'Abbé Tritheme, Basile Valentin, Paracelse, Dornæus, Alexandre Suctenius , Seuerinus Danus, Sendiuegius dit Cosmo-

PREFACE.

polite, Robert Flut, Quercita-
nus ou la Violette, Helmont, &
sur tout il ne faut que sçauoir l'e-
stime qu'en fait Monsieur Va-
lot, tres digne premier Medecin
du Roy, & le soin qu'il prend depuis quelques années du labora-
toire qu'il a confié entré les mains
de Monsieur le Febvre Apoti-
caire du Roy, qui s'en va au premier iour recommencer le Cours
de Chymie qu'il a desia plusieurs
fois enseigné, auec l'applaudisse-
ment vniuersel de tous ceux qui
ont écouté ses preceptes, & veu
ses demonstrations ; & ie veux
bien que le Lecteur sçache l'obli-
gation qu'il luy a aussi bien que
moy, de m'auoir donné des lumieres pour le sens de quelques Di-

PREFACE

ctions & Phrases Allemandes,
estant aussi bien versé en cette
Langue qu'en la sienne propre, &
en la Latine.

Voila pour la recommanda-
tion de l'Art. Pour celle de l'Artiste qui est le fameux Glauber,
ie n'ay besoin que de son nom seulement, & c'est assez qu'on peut
dire de luy ce qu'on a dit autre-
fois de Tite Liue, auec cette difference qu'on venoit de toutes parts
à Rome pour entendre l'Elo-
quence de cét Historien, & qu'on
va de toutes parts à Amster-
dam, pour voir & gouster le
sçauoir & l'experience de ce grãd
Naturaliste, qui a compris dans
ses Oeuures tous les plus rares
secrets, & les plus salutaires re-

PREFACE.

medes de la Medecine Spagiri-
que, si bien qu'il n'y a personne de quelque aage, condition
& mestier qu'il puisse estre, qui
n'y trouue chose dont il peut tirer
du plaisir & de l'vtilité, veu que
les hommes ne font sujets à aucune maladie, dont les Liures de
Glauber n'enseignent quelque remede pour la guerir entierement,
ou du moins pour en alleger les
douleurs. Et si jamais on a deu
adjouster foy aux Escrits d'vn
homme consommé dans la Pratique, ie pense que c'est à ceux-cy,
qui font le resultat d'vne experience de plus de 60. ans. Et comme l'amour du prochain a porté
l'Autheur à la composition & à
la publication de ses Oeuures, ie

prie le Lecteur de croire que le
Traducteur agit auſſi par vn
meſme principe, & n'a pas voulu que les autres Nations euſſent
l'auātage ſur nous de l'auoir fait
parler en leur Langue. Ie le prie
auſſi de conſiderer qu'il n'eſt pas
queſtion de s'attacher à la politeſ-
ſe du langage dans les ſtiles dog-
matiques, & qu'il ſuffit que
cette Verſion ſoit exacte & fidel-
le, encore qu'elle ne ſoit pas ele-
gante, comme on l'auroit peu faire dans vn autre genre d'eſcrire.

Priuilege du Roy.

LOVIS par la grace de Dieu, Roy de France & de Nauarre : A nos amez & feaux, les gens tenans nos Cours de Parlements, Maiſtres des Requeſtes ordinaires de noſtre Hoſtel, Baillifs, Seneſchaux, Preuoſts, leurs Lieutenans, & à tous autres nos Iuſticiers & Officiers qu'il appartiendra, SALVT. Noſtre tres cher & bien amé BERNARD DV TEIL, Sieur de Sainct Leonard : nous a fait remonſtrer qu'auec beaucoup de peine & de ſoin, il a fait vne Verſion des *Oeuures Chymiques de Iean Rudolphe Glauber*, de la Langue Latine en la noſtre, laquelle Vérſion Françoiſe ledit Expoſant deſireroit faire imprimer ſous le tiltre, *le Miracle du Monde, ou l'entiere & parfaite Deſcription de la Nature & des proprietez du merueilleux ſubjet, appellé par les Anciens Philoſophes le Menſtruë vniuerſel, ou le Mercure des Philoſophes :* Mais il craint qu'aussi-tost vn autre Libraire par enuie ne voulust pareillement le faire imprimer, si ledit Exposant n'auoit sur ce nos Lettres necessaires. A CES CAVSES, Voulant fauorablement traitter ledit Exposant, à cause de son merite, & sçachant que ces precedentes Versions ont esté bien receuës du public, & qu'il ne seroit pas iuste qu'il fust frustré des fruicts de son labeur; Nous luy auons permis & octroyé, permettrons & octroyons par ces presentes, de faire imprimer ladite Version des *Oeuures Chimiques dudit Iean Rodolphe Glauber*, sous ledit tiltre, *du Miracle du Monde, ou l'entiere & parfaite Description de la Nature & des proprietez du merueilleux subjet, appellé par les Anciens Philosophes le Menstruë Vniuersel, ou le Mercure des Philosophes*, icelles exposer en vente, & distribuer en vn ou plusieurs Volumes, coniointement ou separement, en tels marges, caracteres, & par tel Imprimeur ou Libraire que bon luy semblera, durant le temps & espace de neuf ans, à compter du iour que chaque piece & Volume sera acheué d'imprimer, à la charge de les faire imprimer correctement & sur bon papier: Deffendons à tous Libraires, Imprimeurs, & autres personnes, de quelque qualité qu'ils soient, d'imprimer ou faire imprimer, vendre ny distribuer pendant ledit temps, d'autres que de l'impression dudit Exposant, par toutes les Terres & Seigneuries de nostre obeïssance, soubs pretexte d'augmentation, correction, changement de tiltre ou autrement, en quelque sorte & maniere que ce soit, sans le consentement de l'Exposant ou de ceux qui auront son droict, à peine de confiscation des exemplaires, six mil liures d'amende, payables par chacun des contreuenans, & applicables vn tiers à Nous, vn tiers à l'Hostel Dieu de Paris, & l'autre tiers audit Exposant, & de tous dépens dommages & interests enuers luy, à la charge d'en mettre deux exemplaires en nostre Bibliotheque publique, vn autre en nostre Bibliotheque seruant à nostre personne en nostre Chasteau du Louure, appellé le Cabinet de nos Liures, dont le Sieur de Chaumont à la garde, & vn en celle de noſtre tres cher & feal Cheualier Chancelier de France le Sieur Seguyer, auant que de les expoſer en vente, à peine de nullité des preſentes : comme auſſi de faire regiſtrer les preſentes és Regiſtres de la Communauté des Libraires de noſtredite Ville de Paris. Si vovs Mandons que de tout le contenu en ces preſentes vous faciez ioüir pleinement & paiſiblement l'Expoſant ou ceux qui auront droict de luy, ſans ſouffrir qu'il leur ſoit donné aucun empeſchement : Voulons auſſi qu'en mettant au commencement ou à la fin de chacun deſdits Ouurages, vn Extraict des preſentes, elles ſoient tenuës pour duëment ſignifiées. Mandons au premier noſtre Huiſſier ou Sergent ſur ce requis, de faire pour l'execution des preſentes tous exploicts neceſſaires ſans demander autre permiſſion, nonobſtant oppoſitions ou appellations quelconques, clameur de Haro, Chartre Normande & Lettres contraires : Car tel eſt noſtre plaiſir. DONNE' à Paris, le vingt-neufiéme iour de Septembre, l'an de grace mil six cens cinquante huict. Et de noftre Reigne le feiziefme, Par le Roy en fon Confeil, Signé, LOYS.

Regiftré fur le Liure de la Communauté des Libraires, fuiuant l'Arreft de la Cour, du huictiefme iour d'Auril mil fix cens cinquante-trois. Faict à Paris, le cinquiéme Decembre mil fix cens cinquante-huict. Signé, BECHET *Syndic.*

─────────────────────

ET ledit BERNARD DV TEIL Sieur de Sainct Leonard, a cedé droict au prefent Priuilege à THOMAS IOLLY, Libraire Iuré à Paris, pour en ioüir fuiuant l'accord fait entr' eux, le dernier Ianuier 1659.

Acheué d'imprimer pour la premiere fois le premier Iuin 1659.

Fautes ſuruenuës dans l'impreſſion.

PAge 5. 6. 7. au lieu de pied, liſez empan.
page 11. ligne 20. au lieu de qui liſez &. p.
32. lig. 23. au lieu d'vneration, liſez vlceration.
p. 34 lig. 21. au lieu de retirer, liſez reïtere. p.
48. lig. 20. au lieu de Reims, liſez Rhin.

ADVIS
AV LECTEVR

TOVCHANT L'ORDRE ET LA disposition qu'on a obseruée en l'Impression de la Traduction Françoise des Oeuures de GLAVBER.

E vous aduertis que cette traduction Françoise des œuures de Glauber, ayant esté faite apres l'edition Allemande, Latine, & Angloise, de la pluspart desdites œuures, dont il y a prez de trente petits Traitez, sans compter ceux qu'on attend de l'Autheur, qui est encore viuant, & qui ne cesse de communiquer au public les grandes lumieres qu'il a receuës de Dieu dans la Chymie : I'ay trouué bon de changer l'ordre & la disposition

ã

des volumes, à la referue du premier, con-
tenant les cinq Fourneaux Philofophi-
ques, l'Appendix, & les Annotations,
auquel on n'a rien innoué, d'autant
qu'il eft composé de Traitez qui ont du
rapport & de l'affinité enfemble. Ce
rapport & cette affinité qui n'a pas efté
fuiuie dans l'Edition de l'Autheur, lequel a tantoft donné vn Traité au Public, & puis l'autre, felon qu'il luy a
pleu; i'ay trouué à propos de l'obferuer,
faifant imprimer cette traduction Fran-
çoife. Ainfi donc laiffant le premier
Volume en fon premier ordre: ils feront imprimez, & mis enfemble comme s'enfuit.

ORDRE ET DISPOSITION DES Volumes des Oeuures de GLAVBER *traduites en François par le Sieur* DV TEIL.

Le premier Volume comprendra 7. Traitez.

LA premiere Partie des nouueaux Fourneaux Philosophiques.

La seconde Partie.

La troisiesme Partie.

La quatriesme Partie.

La cinquiesme Partie.

L'Appendix de la cinquiesme Partie.

Les Annotations sur l'Appendix de la cinquiesme Partie.

Le second Volume contiendra 6. Traitez.

La premiere Partie de l'œuure minerale.

La seconde Partie.

La troisiesme Partie.

La teinture de l'or, ou vray Or-potable.

La Medecine vniuerselle.

La consolation des Nauigans.

Le troisiesme contiendra 5. Traitez.

Le miracle du monde, ou mercure des Philosophes.

L'explication du miracle du monde.

La continuation du miracle du monde.

La nature des fels.

La fignature des fels.

Le quatriefme contiendra 5. Traitez.

La premiere Partie de la profperité d'Allemagne.

La feconde Partie.

La troifiefme Partie.

La quatriefme Partie.

Des feces du vin.

Le cinquiefme contiendra 6. Traitez.

La premiere Partie de la Pharmaco-pée Spagyrique.

La feconde Partie.

La troifiefme Partie.

La quatriefme Partie.

La premiere Partie de l'Apologie.

La feconde Partie de l'Apologie.

Les Volumes eftant ainfi rangez, ils feront prefque d'vne efgale groffeur, & ne feront compofez que de Parties qui ont quelque rapport entr'elles. Ce n'eft pas qu'on ne les trouue feparées chez le Libraire fi on veut. Adieu.

TABLE DES TITRES
contenus en ce Liure.

LIVRE PREMIER.

ã iij

LIVRE SECOND.

TABLE

TABLE

TABLE

LIVRE III.

TABLE

TABLE

LIVRE

DES TITRES.

LIVRE IV.

TABLE

LIVRE V.

D le trou imperieur du Fourneau, E le premier pot sublimatoire, mis dans le trou imperieur du Fourneau, F, le second pot, G, le
troisiesme, H, le quatriesme, & ainsi des autres.

A le cendrier de la mesme largeur du Fourneau, B le trou par lequel sont iettez les
charbons & les especes à distiller, C le bouchon de pierre qu'il y faut mettre apres l'iniection, D le trou d'en haut auec vn certain faux fonds qu'il faut remplir de sable, E le couuercle du trou d'enhaut, lequel
est mis apres l'iniection, F le tuyau qui sort
hors du Fourneau, se ioignant au premier
pot, G le premier recipient, H le second, I le
troisiesme, K le siege surquoy est appuyé le
premier recipient troüé au milieu, afin que le
col du recipient puisse passer, auquel est attachee l'escuelle, L l'escuelle par le tuyau de
laquelle descendent les esprits condensez
dans vn receptacle apposé, dans lequel distil-
lent les esprits ramassez dans l'escuelle, M
le recipient dans lequel les esprits assemblez
dans l'escuelle coulent, N le siege par le milieu duquel passe vne vis qui se peut leuer
comme on veut, par le moyen de laquelle l'es-

cuelle L eſt appliquee au premier recipient,
c'eſt à dire au plus bas, O le lieu du tuyau
pour la diſtillation de l'eſprit de vitriol &
d'alun, P la grille conſiſtant en deux groſ-
ſes barres de fer qui trauerſent & qui ſont
fermement appliquees au Fourneau, auſ-
quelles ſont appuyees 4. ou 5. autres plus
petites, & qui ſe peuuent oſter, afin que le
Fourneau puiſſe eſtre nettoyé des immondi-
ces.

P. 1.   Figure 3.

F le tuyau du Fourneau, G le premier tuyau
courbé & ajuſté au tuyau du Fourneau, H
le recipient accommodé à ce tuyau mis dans
la cuue d'eau pour haſter les operations, lequel recipient a vn couuercle auec 2. trous dãs
le K, dãs le premier deſquels paſſe le premier
tuyau courbé, & par l'autre L l'autre tuyau
double, par vn bras ſeulement, & l'autre al-
lant hors du recipient H, dans le ſecond recipient H H, eſtant mis comme le premier
dans vne cuue I, auſſi entre l'autre tuyau
courbé doublement M, par ce moyen les fleurs
ſont ſublimees, & les eſprits diſtillez en
grande quantité.

Fautes suruenuës à l'Impression.

Liure 4. page 86. marcaffites d'argent ou faphir, lifez zafore: à la mefme page comme pierre, *lifez* pierre d'azur.

Liure 5. p.9. ligne 19. *lifez* tefte morte. p. 11. ligne 3. vin, *lifez* lin.

C

D

B

A

E

A. Le Fourneau auec son instrument de fer et son recipient. B. L'artiste
qui de sa main droicte oste le couuercle, et de la gauche iette la matiere dedans.
C. la figure exterieure du vaisseau. D. La figure interieure. E. un autre vaisseau qui est sur les char.

A le Fourneau auec le globe de cuiure, B le globe de
cuiure, C le vaiſſeau diſtillatoire, D le refrigeratoire
auec le ſerpent, E le recipient, F le ſiege ſur lequel le
vaiſſeau eſt aſſis.

Le

P. 3.

Cuue pour le bain humide, laquelle il faut
rechauffer auec le globe de cuiure.

P. 3.

P. 3.

foliõ 1.

Vn vaisseau de bois pour faire la biere. Vn bain auec le couuercle troüé assis sur vn tripied.

Eaue pour le bain humiae laquelle se faut
eschauffer auec le globe de cuiure.

folio I.

Coffin de bois pour vn bain sec, à prouoquer la sueur auec des esprit volatils.

P. 2. folio 1.

C

D

PREFACE AV
Lecteur.

ENFIN i'ay resolu de communiquer au Public les façons toutes particulieres, que i'ay inuentées depuis peu par mes trauaux continuels, de faire des Fourneaux, & de distiller; par le moyen desquelles on peut faire beaucoup d'excellentes operations, lesquelles passent pour impossibles dans l'esprit du Peuple : iusqu'icy ie les auois reseruées en moy mesme, comme de tres-rares secrets; mais ie n'ay pas voulu frustrer mon prochain de l'vtilité qu'il en peut tirer, ni les curieux Spagyriques d'vne connoissance parfaite & fondamentale, pour reüssir plus facilement, & auec moins de dépense dans leurs desseins. Ie diuiseray ce Liure en cinq parties. Dans la premiere i'enseigneray la construction d'vn certain fourneau, dans lequel sont distillées & sublimées les choses incombustibles ; ce qui ne se peut faire par le moyen des Retortes & autres vaisseaux. Et aussi ie mon-

A

ftreray comme font preparez les efprits des Mineraux & des Metaux, les Fleurs, les Huiles, & comment il en faut vfer.

Dans la feconde Partie, i'enfeigneray la conftruction d'vn autre fourneau, dans lequel les combuftibles, tels que font les Vegetaux, les Animaux, & les Mineraux, font diftillez & parfaitement fubtilifez : & par le moyen duquel on peut preparer plufieurs medicamens pour la guerifõ des maladies les plus defefperées.

Dans la troifiefme i'enfeigneray vne nouuelle inuention inconnuë iufqu'à prefent, de diftiller les efprits ardents, comme du Vin, Froment, Fruicts, Fleurs, Herbes & Racines, voire mefme les eaux des Vegetaux & des Animaux en grande quantité, en fort peu de temps, & à peu de frais : Comme auffi la maniere de cuire la Biere, l'Hydromel, le Vin, & autres chofes, qui autrement fo font dans de grands Vaiffeaux de cuiure, ou de fer, par le moyen des Vaiffeaux de bois, auec l'aide feulement d'vn certain petit inftrument de cuiure, ou de fer, du poids de deux ou trois liures, c'eft vne voye aifée fans aucun fourneau. Cette nouuelle inuention enfeigne auffi plufieurs autres operations Chymiques, comme Putrefactions, Digeftions, Circulations,

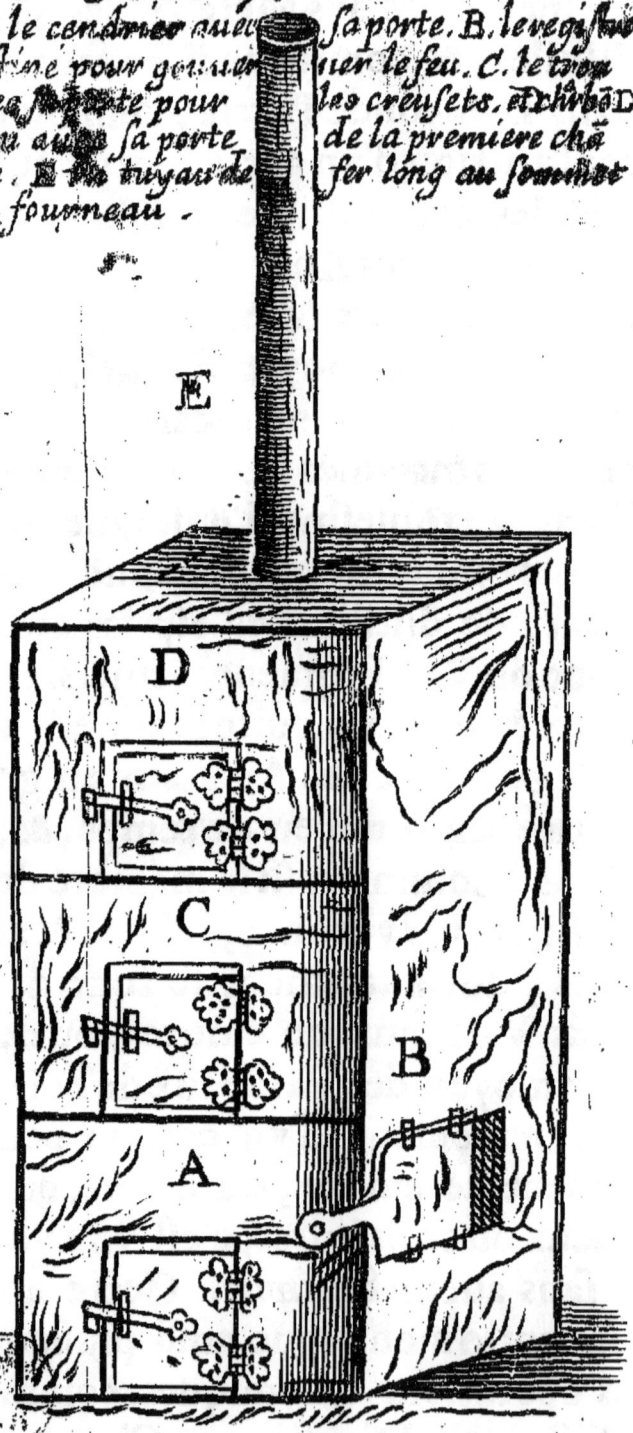

P.4. folio 3.
A. le cendrier avec sa porte. B. le registre destiné pour gouverner le feu. C. le trou avec sa porte pour les creusets, et le trou D. le trou avec sa porte de la première chambre. E. le tuyau de fer long au sommet du fourneau.

Extractions, Abstractions, Cohobations, Fixations, &c. Elle est tout à fait necessaire, principalement aux Apprentifs, d'autant que pour la confection des Esprits ardents, des Eaux Vegetables, & autres medicamens, ils n'ont pas besoin de tant de fourneaux, ni de tant de vaisseaux de toutes manieres, n'ayant besoin seulement que d'vn petit instrument de cuiure, ou de fer, dans des vaisseaux de bois, faisant les operations, aussi bien qu'auec les vessies, & autres grands vaisseaux de cuiure. Par ce moyen on espargne la despense, &c.

Dans la quatriesme Partie sera enseignée la construction d'vn autre certain fourneau inconnu iusqu'à present, dans lequel on peut aisément faire toutes les operations Chymiques: qui sera tres-vtile pour descouurir la nature des Mineraux, & des Metaux; pour les examiner aussi, pour les fondre, coupeller, & separer, en sorte qu'il ne s'en perde rien, par vne voye facile, prõpte & fructueuse.

Dans la cinquiesme Partie sera monstrée la façon de faire, ou de preparer les instrumens de fer, de terre, de verre, & autres necessaires aux quatre fourneaux susdits, on y verra aussi beaucoup d'autres choses manuelles qui sont fort vtiles.

Mesme dans la premiere Partie, apres auoir designé la fabrique du premier fourneau, ie declareray comment par son moyen sont faits les Esprits, les Huiles, les Fleurs, & autres medicamens d'importance, comment il en faut vser selon leurs forces & proprietez, le tout auec fidelité & sans aucune tromperie. Ie ne doute point que ceux qui entendront mes Propositions, ne les approuuent, & que ceux qui ne les entendront pas, ne les mesprisent; c'est le Prouerbe. Celuy qui bastir auprez d'vn grand chemin, est contraint d'entendre beaucoup de choses des Enuieux. Mais il faudroit que ces malheureux Thrasons missent au iour quelque chose de mieux, auant que de censurer les trauaux d'autruy.

Que si par hazard quelqu'vn apres auoir construit ce fourneau, & s'en estre seruy, n'y trouuoit pas son compte d'abord, & ne reüsissoit pas comme il auoit esperé, qu'il fasse reflexion que peut-estre il a manqué en quelque chose, d'autant qu'on peut facilement errer dans vne operation nouuelle & inconnuë : qu'il ne murmure point contre l'Autheur, & qu'il impute sa faute à sa propre ignorance, qu'il s'exerce dans le trauail, & enfin il reüssira, comme ie prie Dieu que tout le monde reüsisse.

I.

figure B. folio 5.

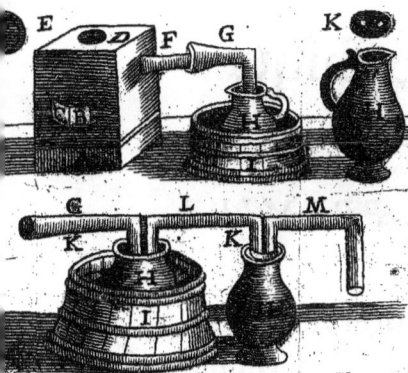

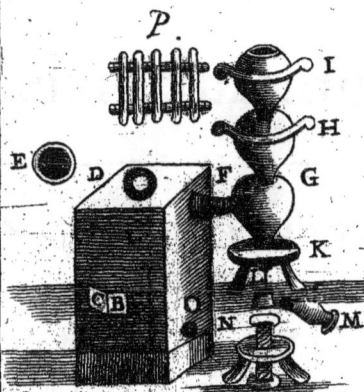

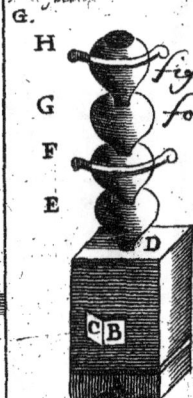

E   D   F   G   K

G   L   M
K   K

P. I.

figure A. folio 5.

P.

E   D   O   F   I

H

G

K

C B   N   M

G.

H   figure
G   folio 5
F
E
        D
C B

le quatrième H. et
ainsi

LA PREMIERE PARTIE,

Des Fourneaux Philosophiques.

DE LA STRVCTVRE DV PREMIER
Fourneau.

POVR ce qui est du premier fourneau, il peut estre basty grand ou petit, selon vostre volonté, ayant es-
gard à la quantité de la matiere que
desirez distiller. Comme aussi le faire rond, ou quarré, auec des briques, ou bien
auec de la terre de Potier. Si le diametre est d'vn
pied au dedans, il faut que la hauteur soit de
quatre, sçauoir vn pied du fonds iusques à la
grille, vn autre de la grille iusqu'à la porte par
où on met les Charbons dedans, & deux de là
iusques au haut du Canon : lequel doit sortir
hors du fourneau, pour le moins vn pied, autrement les récipients s'échaufferoient estans trop
proches du fourneau : le Canon doit auoir la
quatriéme partie du diametre, répondant à la

A iij

troifiéme partie de l'intrinfeque du diametre du
fourneau. Comme auffi il doit eftre vn peu plus
large en dedans qu'en dehors : que la grille foit
faite de telle façon que les barres fe puiffent reti-
ter a voftre volonté, pour la nettoyer lors qu'elle eft bouchée par la matiere, qui eft iettée deffus lors de la diftillation ; d'autant qu'elle fe
bouche aifément quand on diftille des fels qui
fondent auec les charbons. Par ce moyen l'air
eft empéché de venir au feu, & par confequent la
diftillation empéchée. Ou bien faites mettre
deux groffes barres au trauers du fourneau, fur
lefquelles vous en mettrez quatre on cinq plus
petites, éloignées l'vne de l'autre d'vn doigt, for-
tant vn peu hors du fourneau; afin que lors qu'il
fera bouché vous les puiffiez tirer hors auec les
pincettes, les reculer & les nettoyer de la matiere bruflée, puis les remettre derechef en leur place. C'eft pourquoy le fourneau doit auffi eftre
ouuert fous la grille, afin que vous la puiffiez
mieux gouuerner.

De plus, la grille doit auoir en haut vn couuercle de fer, ou de pierre, auec vn trou au milieu
d'vne certaine diftance qui doit eftre remplie de
fable, afin que le couuercle puiffe plus iufte-
ment boucher le trou, pour empécher que les
efprits ne s'exhalent : par ce moyen les efprits
feront forcez de paffer par le Canon, & aller aux
recipients, apres que vous aurez ietté dedans les
matieres qui font pour eftre diftillées.

Des Recipients.

Qve les recipients ſoient de verre, ou de ter-re forte qui puiſſe retenir les eſprits, comme ſont celles de Valdebourg, de Heſſe, &c. Mais les meilleurs ſont ceux de verre, ſi on en peut auoir, & particulierement ceux qui ſont faits d'vn ver-re tres-fort, lequel doit eſtre poly & égalé auec de l'emery, afin de les mieux ioindre enſemble, & lors il n'eſt pas beſoin de luter. Or comme quoy ils doiuent eſtre polis auec de l'emery pour eſtre bien ioints, il ſera dit au cinquiéme Liure, qui traite des choſes manuelles; d'autant que par cette voye ils ſont ſi bien ioints enſemble, que les eſprits n'en ſçauroient ſortir par les iointu-res, autrement il faut fermer les iointures auec du meilleur lut, tel qu'il ne laiſſe exhaler les eſ-prits. Ce qui ſera monſtré au Liure qui traite des choſes manuelles. Pour la forme du recipient tu la vois dans la demonſtration du fourneau, auec la quantité neceſſaire, & ſçache que plus grands ils ſont, tant meilleurs ſont-ils, & qu'il n'en faut pas tant; mais il en faut dauantage, quand ils ſont petits. Prends garde que le trou ſuperieur ſoit plus large que l'inferieur, de telle façon qu'vn autre recipient auec ſon trou infe-rieur ſe puiſſe ioindre à luy, & que le trou infe-rieur aye trois doigts de large ou enuiron, en diametre. I'entens en cas que le diametre de la fournaiſe ſoit d'vn pied, car à vne fournaiſe plus grande, il y faut de plus grands trous, & de plus grands orifices des recipients, afin que par ce

moyen on puiſſe donner vne ſuffiſante & deuë
proportion d'air au feu : mais ſi le diametre eſt
de plus d'vn pied, il faut auſſi qu'il ait deux ou
trois Canons (leſquels conſiderez enſemble,
doiuent auſſi auoir la largeur correſpondante à
la largeur de la tierce partie du fourneau : car il
eſt neceſſaire qu'il y ait autant de largeur, & autant d'air, ſi le feu bruſle ayſément & fait ſon of-
fice) auſquels il faut appliquer des vaiſſeaux de
la ſuſdite proportion, afin que le feu ne s'eſtei-
gne.

A preſent la figure cy-deuant te monſtrera la
conionction des recipients ; comme auſſi leur
application ſur le fourneau. Car premierement
le recipient demeure ſur vn ſiege à trois pieds
percé au milieu, afin que le premier recipient paſſe au trauers, auquel eſt appliquée vne écuelle
auec vn Canon qui reçoit la diſtillation des eſprits ; au premier on en ioint vn ſecond, & à ce-
lui-là vn troiſiéme, & comme cela enſuiuant
(proche d'vne muraille, ou échelle) tant qu'il
vous plaira. Laiſſez le recipient de deſſus, & tous
les autres ouuerts. Au plus bas, comme a eſté dit,
il y a vne écuelle iointe auec le Canon, ou col,
par lequel l'eſprit qui diſtille coule en bas dans
vn autre certain vaiſſeau auſſi appliqué, lequel
eſtant plein on le retire, & on en met vn autre
à ſa place, d'autant qu'il eſt mis deſſous ſans luter, c'eſt pourquoy il peut eſtre aiſément chan-
gé. Et s'il te plaiſt de diſtiller autre choſe, il te
faut oſter cette écuelle, auec le canon ou col, &
le nettoyer, & le reioindre derechef bien iuſte-
ment (afin que l'eſprit ne s'exhale) au col du

recipient d'embas, & fi l'écuelle ne peut eftre
iointe fi exactement, pour empécher que l'efprit
ne s'exhale, mets-y dedans vne cueillerée d'eau,
car cela le retient, & ne gafte point l'efprit, d'autant qu'il eft feparé par la rectification.

Des vaiffeaux fublimatoires.

POur ces vaiffeaux, il n'eft pas neceffaire qu'ils
foient de verre, ny de cette terre qui retien-
ne les efprits, comme a efté dit cy-deuant : il
fuffit qu'ils foient faits de bonne terre de potier
bien plombée par dedans, de la forme monftrée
par la figure.

Neantmoins il faut choifir de la terre qui
fouffre le feu, car le pot plus bas fouffre vne telle chaleur, qu'il fe romproit, s'il n'eftoit de
bonne terre.

Maintenant ie te veux monftrer en general la
façon de diftiller les chofes manuelles qui font
neceffaires en chaque diftillation.

La maniere de diftiller.

PRemierement il faut mettre dans le fourneau des charbons ardents, & apres les couurir d'autres, tant que le fourneau foit prefque
plein iufques au col du Canon; ce fait ne cou-
ure point le trou du haut du fourneau de fon
couuercle (afin que la chaleur auec la fumée
paffent par là, & non au trauers du col du canon
aux recipients, lequel feroit par ce moyen rouge du feu, & empécheroit la diftillation) iufqu'à

ce que le feu foit bien allumé, & la fournaife
bien chaude ; alors iette dedans auec vne cueillere de fer de ta matiere preparée autant qu'il en
faut pour couurir les charbons ; ce fait ferme
bien le trou de deffus, auec fon couuercle en le
preffant fur le fable qui eft mis fur la partie baffe
du trou, eftant vn lieu preparé pour cet effect.
Donc que celuy qui iette quelque chofe dedans
par le trou du milieu, le ferme promptement &
bien iufte, auec vn bouchon de pierre. Car par
ce moyen toutes les chofes qui font iettées de-
dãs, feront forcées de paffer au trauers du col du
canon, & aller aux recipients en forme d'vne
nuée épaiffe, & fe condenfer en vn efprit acide,
ou huile, & de là diftiller au trauers du col dans
l'écuelle qui eft deffous, par le trou de laquelle
elle coulera dans vn autre recipient de verre.
Les charbons eftant bruflez, & tous les efprits
eftant fortis hors, il faut mettre dedans dauantage de charbon, & auffi de voftre matiere. Con-
tinuant tant qu'ayez vne fuffifante quantité
d'efprits. Par cette façon de diftiller vous pouuez commencer & finir à voftre volonté, fans
aucun danger.

Quand vous defirerez nettoyer le fourneau, il
ne faut faire autre chofe que tirer les petites barres qui font fur les deux groffes, afin que la tefte
morte tombe en bas, laquelle tirerez hors auec
la paëlle à feu, & remettrez derechef les petites
barres fur les deux groffes, comme deuant, fur
lefquelles mettrez des charbons ardents, & fur
ceux-là d'autres, tant qu'il y en ait affez, alors
les charbons eftant bien allumez, iettez vos matieres deffus.

Quand tu voudras nettoyer les recipients, pour diftiller autre chofe, tu n'as pas befoin de les ofter du lieu où ils font : mais feulement verfer de l'eau nette dedäns, par le recipient d'en haut, & en defcendant elle nettoyera les autres.

Et par ce moyen non feulement des Vegetables, Volatils, & Mineraux (incombuftibles) mais auffi des metaux fixes, & des pierres, les efprits, huiles & fleurs en font tirez en abondance, & aifément. Ce qui ne fçauroit eftre fait par la diftillation vulgaire.

Or dans cette fournaife, font feulement diftillées les matieres, lefquelles en diftillant iettent vne humidité incombuftible, comme le fel commun, vitriol, alun, & autres mineraux & metaux, chacun defquels demande vne particuliere operation fi on trauaille deffus.

Et d'autant que cette fournaife ne fert pas pour chaque chofe indifferemment, à caufe que les matieres qui s'y diftillent, fe iettent fur les charbons ardents qui font chofes incombuftibles ; I'ay refolu d'en donner vne autre façon dans la feconde Partie, plus petite que celle-cy, & neantmoins propre pour diftiller toutes chofes combuftibles, qui contiennent vn efprit volatil, comme le tartre, corne de cerf, ambre, fel armoniac, vrine, &c. On fait auffi par ce moyen des efprits fubtils, volatils, foulphreux, des fels & des mineraux. Comme du fel commun, vitriol, alun, nitre, antimoine, & autres mineraux & metaux, lefquels ne peuuent eftre tirez fans cette fournaife, auec lefquels efprits on fait des chofes incroyables dans la Medecine, & Alchy-

mie. Comme il fera monftré plus au long dans la
feconde Partie.

Ie te veux à prefent monftrer vne autre voye
pour faire d'autres recipiehts, feruans à la premiere fournaife, & à la verité plus propres pour
certaines operations. Comme les precedents font
plus propres pour d'autres, celuy qui voudra trauailler choifira de ceux-cy ou des autres comme
bon luy femblera.

Or comme les precedens font dreffez en mon-
tant contre vne muraille ou échelle, afin que les
efprits defcendent de l'vn à l'autre, tant qu'eftant
refroidis & condenfez, ils degoutent en bas dans
l'écuelle qui y eft annexée: ceux-cy font placez
tout au contraire, car ils font ioints à vn vaiffeau
plein d'eau froide pour condenfer les efprits, &
par ce moyen tu n'as pas befoin de tant de recipients. Comme auffi il ne faut pas qu'ils foient
façonnez de mefme que les autres. Comme d'e-
ftre ouuerts en haut, & en bas, mais feulement
en haut, femblables aux pots qui feruent à boüillir. Toutefois prens garde que plus ils font lar-
ges & profonds, & plus commodes font-ils.

Il les faut auffi ioindre enfemble par le moyen
des canons de terre, auec cet interualle, que les
efprits eftant encore chauds ne puiffent pas paffer de l'vn dans l'autre, mais qu'eftant forcez de
paffer au milieu de la feparation du canal, ils ail-
lent au fonds de chaque recipient, & de là mon-
tent par vn autre canal dans vn autre recipient
qui ait vn double couuercle, femblable au prece-
dent, là où defcendant derechef dans le fond qui
eft froid, ils fe refroidiffent & fe condenfent. Or

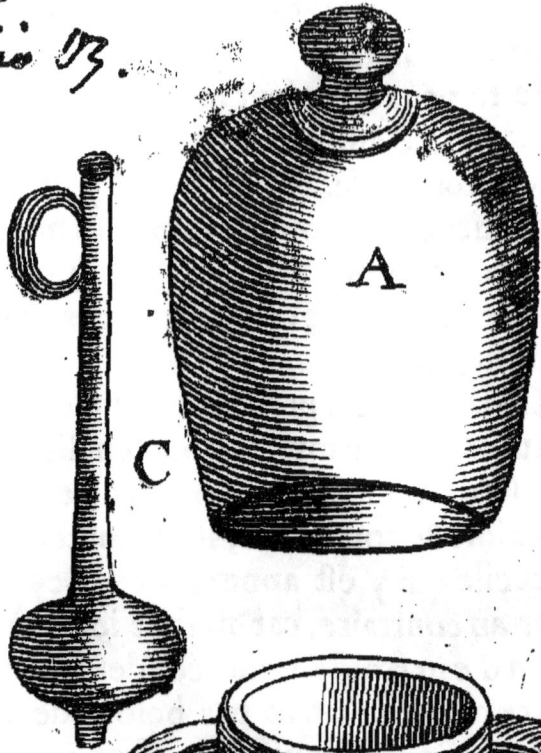

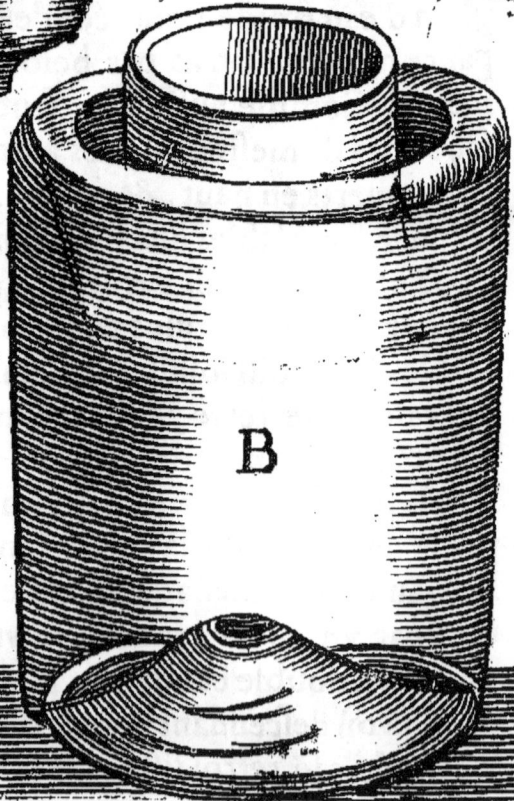

c'eſt aſſez de trois ou quatre de ceux-cy (& des autres il en faut treize ou quatorze) ayant égard à la grandeur.

Tu peux voir la figure de ces recipients ; comme auſſi la façon de les ioindre enſemble par la figure icy appoſée , & ordinairement vn ſuffit pour ceux qui diſtillent peu de choſe , principalement ſi la matiere n'eſt pas precieuſe, & lors on ioint du moins vn canon de terre courbé par vn bras auec le canõ, qui ſort hors du fourneau & par l'autre auec le recipient. Mais de façon qu'il deſcende en bas dans le recipient , iuſqu'au milieu, & lors tu n'as pas beſoin de boucher l'orifice des recipients: car il n'importe pas beaucoup, ſi quelque peu s'éuapore, la matiere qui eſt à diſtiller n'eſtant pas precieuſe ; & par cette voye, vous pouuez faire à toute heure, noueaux eſprits & noüelles fleurs, par le moyen d'vne fournaiſe, & d'vn recipient , mais auec cette precaution, qu'à chaque nouuelle diſtillation, le recipient ſoit bien laué auec de l'eau, auparauant qu'il ſoit mis au canal, auquel eſtant ioint, tu peux ietter tes eſpeces dans la fournaiſe, reiterant ledit procedé tant que tu ayes vne ſuffiſante quantité d'eſprits.

Et cette maniere de diſtillation ſert ſpecialement pour éprouuer les natures & proprietez de beaucoup de diuers mineraux ; comme ſont ceux qui rendent des eſprits & fleurs par le feu : car il ſeroit trop embaraſſant de mettre vn nouueau & different recipient, à chaque nouuelle diſtillation ; ce qui cauſe que beaucoup d'eſtudians en l'art Chymique, veulent quitter leur eſtude, n'eſtant pas poſſible de faire plus d'vn eſſay par la

retorte dans vn iour, & ne se faut pas estonner si
la longueur du temps, & la dépense, en détour-
nent beaucoup.

Icy il n'est pas besoin de tant de retortes, ny
de les luter, ny de tant de recipients & autres
choses superfluës, ny mesme il n'est pas necessaire d'estre tousiours present pour obseruer les degrez du feu, lesquels estant negligez, les recipients
& retortes sont en danger d'estre cassées, & par
consequent tout le trauail perdu. Ce qu'il ne
faut pas craindre en ce rencontre, d'autant qu'il
ne faut autre chose que ietter la matiere sur les
charbons, & couurir la fournaise; & lors les esprits & les fleurs sortent incontinent de mesme
nature que leur mineral. Quand tu en as retiré
vne quantité suffisante, il faut tirer hors les barres de fer, sur lesquelles sont les charbons, afin
qu'ils tombent en bas, & qu'on les puisse retirer;
& pendant que la fournaise est encore chaude,
mettre les barres derechef dedans, sur lesquelles
tu mettras nouueaux charbons, qui s'allumeront
d'eux-mesmes par la chaleur de la fournaise, en
mesme temps il faut oster le recipient; & le nettoyer, puis le remettre derechef, ou bien vn autre fort net pour la nouuelle distillation d'autre
matiere.

Par cette voye tu peux en l'espace d'vne heure distiller & sublimer diuerses choses, en petite
quantité: mais celuy qui veut distiller ou sublimer en grande quantité, se seruira de trois ou
quatre pots, afin que les esprits passent de l'vn à
l'autre, & que rien ne soit perdu. Il n'est pas
besoin (comme i'ay dit cy-deuant) d'vne pre-

P. 5.

folio 15.

ou
p à
pas
te.

fence continuelle de l'operateur. Car il peut commencer, cesser, ou continuer à son plaisir, d'autant que le trauail est sans aucun danger de rompre les retortes & recipients.

Celuy qui connoist l'vsage de cette fournaise peut faire beaucoup de choses en peu de temps, & à peu de frais, car qui que ce soit peut plus faire par cette voye en l'espace d'vne heure, que par la voye commune en vingt-quatre heures. On épargne aussi beaucoup de charbons, d'autant que dix liures de charbon font plus, que cent dans vne autre maniere. Celuy qui sera experimenté distillera vne liure d'esprit de sel dans vne heure, auec 3. 4. ou 5. liures de charbon, & il en faudroit cinquante ou soixante liures, & pour le moins vingt ou trente heures de temps par la commune voye des retortes; ce qui est à la verité fort ennuyant.

De plus, on peut faire par cette voye les fleurs des Mineraux, & des Metaux, en grande quantité, tres-aisément, en peu de temps, & à peu de frais, de telle façon qu'en l'espace d'vne heure, auec trois ou quatre liures de charbon, on peut faire vne liure de fleurs d'antimoine, & ce n'est pas vn petit soulagement aux Medecins & Chymistes.

Cette fournaise aussi estant vne fois bastie, dure beaucoup d'années, & estant rompuë, s'accommode aisément.

Par cette voye tu n'as besoin que de matiere pour distiller, les retortes & recipients n'estant en nul danger; ce qui est vne grande épargne.

Outre les susdites voyes, i'en ay encore vne

autre, qui eſt plus courte & aiſée pour diſtiller,&
pour ſublimer : par laquelle en fort peu de temps
on peut faire vne incroyable quantité d'eſprits
des ſels , & des fleurs des mineraux, & des metaux, ie la remets à vn autre temps, à cauſe que
i'en ay dit aſſez pour le preſent.

Maintenant ie ne doute pas , que les diligens
Chymiſtes ne ſuiuent mes enſeignemens , & ne
trouuent des choſes qui me ſont meſme inconnuës. Car il eſt plus aiſé d'adiouſter aux choſes
deſia inuentées , que de trouuer celles qui ſont
inconnuës.

La conſtruction de la fournaiſe eſtant à mon
opinion clairement monſtrée , s'enſuit à preſent
la façon de diſtiller & de ſublimer.

Que ſi par hazard contre mon opinion, il s'y
trouue quelque obſcurité , neantmoins vn procedé éclaircira l'autre , & l'operateur diligent à
chercher la nature, obtiendra ſans doute par ſa
pratique par la maniere que i'ay décrite, ce qu'il
deſire,comme i'en prie Dieu Tout puiſſant.

Comme il faut diſtiller l'eſprit de Sel.

LA raiſon pourquoy ie commence par l'eſprit de ſel, premier que ie diſe aucune choſe de l'eſprit des Vegetaux, eſt celle-cy,
d'autant que c'eſt le principal qui peut eſtre fait
en cette fournaiſe. Car il y en a peu qui excedent
celui-cy en force & vertu, c'eſt pourquoy ie luy
donne le premier rang : meſme il n'y a point
d'eſprits,

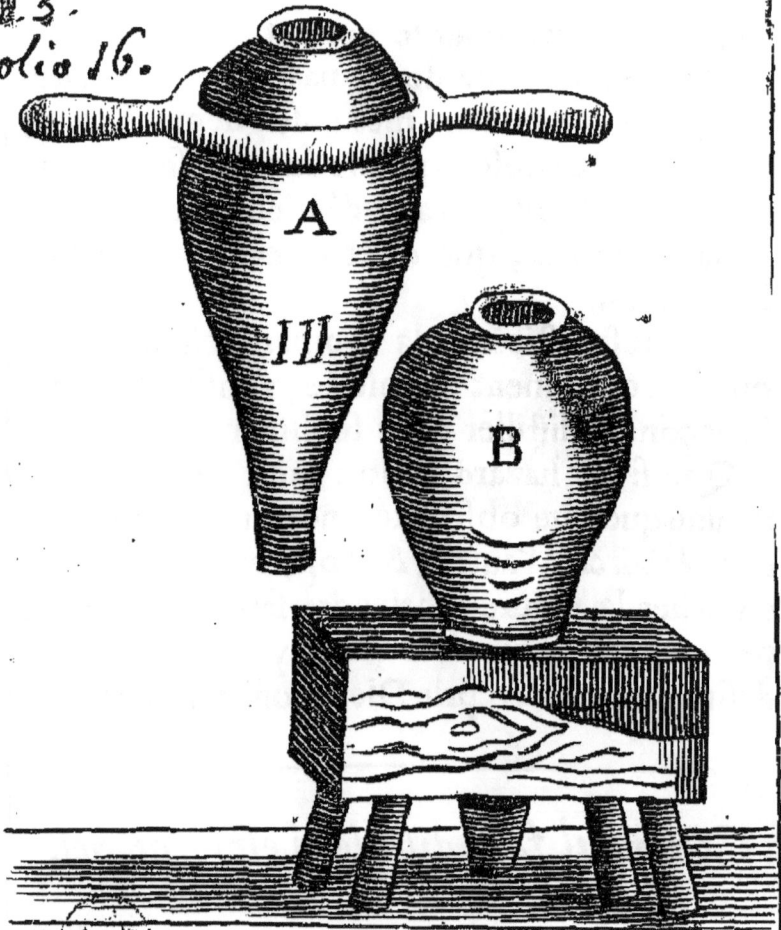

A
III

B

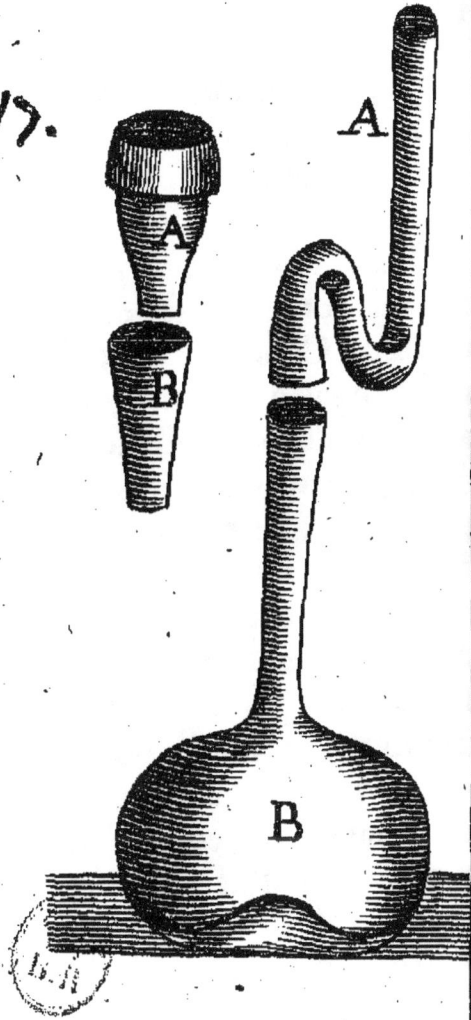

P.5.

folio 19.

A

A

B

B

d'esprits, aufquels les Chymiftes ayent plus fait de recherches qu'en celuy-cy, c'eft pourquoy il a efté toufiours en grande eftime, &c. Quelques-vns ont meslé le fel auec de la terre de Potier, & en ont fait des petites boules pour en tirer l'esprit, le forçant par la retorte à feu tres violent, d'autres l'ont meslé auec du bol, quelques-vns auec de la poudre de thuiles, & d'autres auec alun bruflé.

D'autres fe feruant d'vne voye plus courte, ont fait fondre le fel dans la retorte qui a vn tuyau ou Canal en haut & vn autre en bas, & par le tuyau d'enhaut ils ont ietté quelque peu d'eau froide, pour efleuer la pefanteur de l'efprit du fel, & par le bas ils ont fouflé auec vn fouflet, pour forcer les efprits d'aller dans la retorte, & cette façon ne doit pas eftre mefprifée : Neantmoins il y a cét inconuenient, qu'à la longueur du temps les retortes font rompuës, car elles ne peuuent pas retenir long-temps le fel, & par ce moyen la diftillation eft empefchée; quelques vns ont effayé auec des retortes de fer, mais par ce moyen les efprits font amortis, d'autant qu'ils s'attachent aifement auec le fer, & au lieu de l'efprit ils n'ont que du flegme. Ils ont inuenté telles & femblables voyes pour diftiller, par toutes lefquelles ils ont rarement atteint à en diftiller vne liure en 24. ou 30. heures, auec 50. 60. ou 100. liures de Charbon. C'eft pourquoy ils ont fort peu profité pour auoir de bon efprit, & c'eft pour cela que fes vertus ont efté inconnuës.

Pour cette raifon ie l'ay voulu faire connoi-

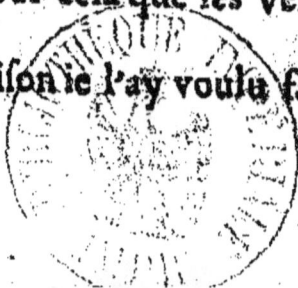

B

ftre, afin que l'on voye combien cét efprit eft
precieux ; & comment à peu de frais & facilement, il peut eftre fait par ma nouuelle inuention de diftiller.

Il a efté dit cy-deffus, que par cette voye de
diftillation, les matieres doiuent eftre iettées
immediatement fur le feu, neantmoins cecy
doit eftre fagement entendr' ; car quoy que
quelques matieres doiuent eftre iettées immediatement fur le feu fans aucune preparation, il
ne s'enfuit pas que toutes en foient de mefme :
comme par exemple, fi le fel eftoit immediatement ietté, non feulement il ne donneroit point
d'efprits, mais il fauteroit fur les charbons,
iufqu'à ce qu'il trouuaft à defcendre au fond du
fourneau. Mais cecy peut eftre preuenu par diuerfes façons : & en premier lieu par celle-cy
diffolus le fel dans l'eau : puis efteignez des
charbons ardents dans ladite eau, afin qu'ils
foient impreignez du fel, puis les iettez dans la
fournaife, mais il faut auoir premierement ietté dedans des charbons ardents, fur lefquels
vous ietterez ceux qui font impreignez auec le
fel, tant que la fournaife foit pleine comme a
efté dit, & lors que les charbons bruflent, le fel
fe refout en efprit.

Or celuy qui veut diftiller l'efprit de fel de
cette façon, doit auoir des recipients de verre,
d'autant que l'efprit pendant qu'il eft chaud, penetre à raifon de fa tres grande fubtilité ceux
qui font de terre, & cét efprit eft de tres bon
gouft fi tu manques de recipients de verre, ie
ſe veux monftrer vne voye par laquelle tu te

poutras feruir de ceux de terre.

Mefle du fel, & du vitriol, ou alun enfemble,
broye les bien dans vn mortier, (car mieux ils
font broyez, & plus fort-il d'efprit) alors iette
ce meflange fur le feu , auec vne culiere de fer,
autant qu'il fuffit pour couvrir les charbons, &
lors auec vn grand feu, les efprits fortent , &
vont dans le recipient, & 'cftant coagulez , ils
defcendent dans vne efcuelle, & apres dans vn
autre recipient, & fi tu entends bien ce trauail,
l'efprit defcendra continuellement comme de
l'eau au trauers du canal, de la groffeur d'vne
paille, & tu pourras aifement tirer toutes les
heures vne liure d'efprit; la raifon pourquoy tu
peux tirer plus d'efprit par cette voye, que par
l'autre eft celle-cy, à caufe que le vitriol & l'a-
lun, qui font meflez auec le fel, le font fluer prô-
ptement, par laquelle voye il eft empefché de
tomber en bas au trauers des charbons au fonds
de la fournaife, mais s'attachant aux charbons,
il fe tourne prefque tout en efprit : la tefte morte qui eft rougeaftre, tombe aifement auec les
cendres au trauers de la grille, & ne peut eftre
plus diftillée, rendant par la cuiffon vn fel fixe
& blanc, lequel fert pour fondre les metaux, &
eftant diffout en eau chaude fert auffi pour vn
cliftere contre les vers, lefquels il tue, & purge
auffi les boyaux.

Tu m'objecteras que l'efprit fait de cette façon, n'eft pas le veritable efprit de fel, à caufe
du meflange du vitriol & de l'alun, eftant meslé & compofé. Ie refponds, qu'il eft impoffible
que par cette voye, foit diftillé aucun efprit de

vitriol uy d'alun, eſtant choſe que i'ay ſouuent
experimentée, iettant du vitriol ou alun dans la
fournaiſe, deſquels ie n'ay receu nul eſprit du
tout, la raiſon de cecy eſt, que ces eſprits ſont
beaucoup plus peſants que l'eſprit de ſel, & ne
peuuent monter ſi haut de trois pieds, mais ils
ſont bruſlez, & il n'y a rien que le flegme qui
diſtille. C'eſt pourquoy l'eſprit de ſel qui eſt
diſtillé de cette maniere, n'eſt pas meſlé, mais
vray & pur eſprit de ſel, du meſme gouſt & vertu que celuy qui eſt fait auec le ſel ſeulement,
d'autant que l'eſprit d'alun & de vitriol ne peut
eſtre fait par cette fournaiſe, excepté qu'il y
ait vn canon qui vienne hors de la fournaiſe, &
qui ſoit proche de la grille, comme tu peux voir
par la figure de la fournaiſe, car cela ne ſe peut
faire autrement : ces eſprits ſe font mieux par
le ſecond fourneau. Et prenez le cas qu'il en
ſorte quelque peu auec l'eſprit de ſel (quoy qu'il
eſt impoſſible) quel dommage ie vous prie
vient-il dela, ſoit dans la ſolution des metaux,
ou dans la Medecine ? c'eſt pourquoy on ne doit
rien craindre en cette operation : neantmoins
ie veux ſatisfaire l'incredule, & luy veux monſtrer vne autre voye ſans addition d'alun ny de
vitriol, pour la diſtillation de cét eſprit : mais ce
ſera dans la ſeconde Partie de ce Liure, là où ie
t'enſeigneray le fourneau, par le moyen duquel
on fait l'eſprit de nitre, & parmy les combuſti-
bles, les huilles des vegetaux & graiſſes des
animaux, & autres choſes qui ne peuuent eſtre
faites par celuy-cy ; ainſi ie ſatisferai ceux auſquels la precedente maniere n'agree pas.

Au deffaut des recipients de verre, on eſt forcé de prendre ceux de terre , leſquels ne ſçauroient retenir l'eſprit de ſel , fait de la façon
ſuſdite: auquel cas ie pourrois découvrir vne
petite choſe manuelle, par le moyen de laquelle
les ſuſdits eſprits peuuent eſtre receus en grande quantité dans des vaiſſeaux de verre; mais ie
la paſſeray icy ſous ſilence pour certaines rai
ſons, & ie la remettray iuſques à l'addition de
la ſeconde Partie, qu'il te ſuffiſe donc que i'en
faits mention ſeulement, & que ie me diſpoſe à
te monſtrer les vertus & les vſages de cét eſprit,
auſſi bien dans la Chimie, que dans la Medecine, & autres Arts mecaniques.

Il eſt iuſte de publier l'vſage de l'eſprit de ſel,
le pouuoir & les vertus de cét excellent eſprit;
celles que les autres Auteurs ont dignement
eſcrites, ie les paſſeray ſous ſilence, & y renuoyeray le Lecteur, ne diſant ſeulement que
celles dont ils n'ont rien dit.

Pluſieurs tiennent l'eſprit de ſel pour vne excellente Medecine, de laquelle on ſe peut doucement ſeruir auſſi bien dedans que dehors, il
eſteint la ſoif contre nature dans les maladies
chaudes, nettoye & conſomme les humeurs
flegmatiques de l'eſtomach, excite l'appetit,
eſt bon pour l'Hydropiſie, la Pierre, la Goutte
&c. C'eſt vn menſtruë qui diſſout les metaux
pardeſſus tout autre, car il diſſout tous les metaux & mineraux (excepté l'argent) & preſque
toutes les pierres, (eſtant exactement preparé)
& les reduit en excellents medicaments, il fait
auſſi beaucoup d'excellentes choſes dans

B iij

tous les Arts Mecaniques.

On ne le doit pas mefme mefprifer pour la
cuifine, car on en affaifonne diuerfes viandes
agreables & bónes pour les malades, auffi bien
que pour ceux qui font en fanté, beaucoup
mieux qu'auec le vinaigre & autres chofes acides, & fait beaucoup plus en petite quantité que
ne fait le vinaigre en vne grande ; mais il fert
particulierement pour les païs qui n'ont point
de vinaigre, on s'en fert auffi au lieu de verius, &
de ius de limons: car eftant preparé par cette
voye, il eft à meilleur marché que le vinaigre ou
ius de limons : il n'eft pas corruptible comme
font les ius faits par expreffion, mais il deuient
meilleur auec le temps eftant meflé auec fucre,
c'eft vne excellente fauce pour la viande roftie.
Il preferue auffi diuerfes fortes de fruits par longues années, il fait auffi enfler les raifins fecs, de
forte qu'ils reuiennent dans leur premiere ma-
turité, lefquels font bons pour rafraifchir les
malades qui ont l'eftomach foible en diuerfes
maladies, & fert à preparer diuerfes façons de
viandes, tant de chair que de poiffon, mais il faut
mefler vn peu d'eau auec l'efprit, autrement les
raifins contracteroient trop d'acidité. Cet efprit
fert particulierement pour rendre les viandes
acides & delicieufes : car quelque chofe que l'on
prepare auec cet efprit, comme poulets, pigeons,
veau, &c. ils font plus agreables au gouft que
ceux qui font preparez auec le vinaigre, le bœuf
eftant maceré auec cet efprit, deuient en peu de
iours fi tendre, que s'il auoit efté maceré vn lõg-
temps auec du vinaigre ; l'efprit de fel peut faire
tout cela & beaucoup d'autres chofes,

Vne distillation des Huilles des vege-
taux, par laquelle on en tire vne
plus grande quantité que par la
voye commune de la vescie.

IVsques à present tous les distillateurs ont ignoré vne meilleure voye que l'ordinaire, qui est par la vescie pour distiller les espices, bois, & semences, auec vne grande quantité d'eau: & quoy que cela se puisse aussi faire par la retorte, il en faut auoir vn grand soin, autrement ils contractent vn grand Empireume : c'est pourquoy la voye de la vescie a tousiours esté estimée pour la meilleure, laquelle n'est pas à la verité à mespriser si vous distillez des vegetaux de peu de valeur, & tels qu'ils soient oleagineux ; mais non dans la distillation des espiceries, & autres choses qui sont de grande valeur, comme sont la canelle, le macer, safran &c. lesquels ne peuuent estre distillez dans la vescie sans beaucoup de perte, d'autant qu'il y est requis vne grande quantité d'eau, & par consequent de grands, & amples vaisseaux, ausquels il adhere quelquefois, c'est pourquoy on en pert presque la moitié. Ce qui n'est pas de si grand valeur aux vegetaux qui sont oleagineux, comme à l'anis, fenoüil, chanvre &c. mais la perte qui se fait en distillant des vegetaux precieux, comme la canelle, lignum Rodii, & casse, est assez euidente, & par consequent elle ne doit pas estre mesprisée,

il ne se peut pas faire aussi que toutes choses
soient distillées par cette voye; car par la coction
vne bonne quantité acquiert vne tenacité gom-
meuse, laquelle ne sçauroit descendre auec l'eau,
mais afin de preuenir cela à l'aduenir, ie veux
monstrer vne autre voye pour distiller les huilles des espices & autres choses precieuses; ce qui
se fait auec l'esprit de sel, par lequel toute l'huille est tirée hors sans en rien perdre, ce qui ce fait
ainsi : Emplis vne cucurbite de canelle, ou autre bois, ou semence ; sur quoy tu mettras autant
d'esprit de sel qu'il suffise pour couvrir le bois,
alors place-le auec son alambic sur le sable, &
luy donne feu par degrez, afin que l'esprit de sel
boüille, & toute l'huille distillera auec vn peu
de flegme, car l'esprit de sel par son acrimonie
penetre le bois, & affranchit l'huille, afin qu'elle
distille mieux & plus aisement, & par ce moyen
l'huille n'est pas perduë par cette grande quantité d'eau dans ces grands & amples vaisseaux :
mais est tirée dans des petits verres auec l'addition d'vn peu d'humidité, la distillation finie, l'esprit est versé par inclination hors du bois, feruant derechef pour le mesme vsage, & s'il contracte aucune impureté hors du bois il peut estre
rectifié; mais le reste de l'esprit qui demeure
dans le bois peut estre recouuré, si on iette ce
bois dans la susdite fournaise sur les charbons
ardents : par laquelle voye il sortira derechef
pur & net, & parce moyen on ne perd rien de
l'esprit de sel, & on tire les huilles de tous les
vegetaux qui sont chers ensemble auec leurs
fruits : ce qui ne peut estre fait par la vescie.

Par cette voye, auffi font faites les huilles
claires des gommes & des refines.

L'huille claire de maftic & d'encens.

PRends de l'encens ou maftic en fine poudre,
autant qu'il en faut pour remplir la troifiefme partie d'vne cornuë (laquelle doit eftre lu-
tée) furquoy verfe vne fuffifante quantité d'efprit de fel, prends bien garde que la retorte
ne foit trop pleine, autrement les efprits boüil-
lants s'enfuiroient, alors mets la au fable, &
donne luy feu par degrez, il en fortira premier
vn peu de flegme, & apres vne huille claire &
tranfparante auec l'efprit de fel, laquelle il faut
garder à part, & apres vne certaine huille iaune, laquelle il faut auffi garder à part, & à la fin
de tout fort vne huille rouge, laquelle ne doit
pas eftre mefprifée, quoy qu'elle ne foit pas femblable à la premiere feruant pour l'vfage du dehors, eftant meflée auec onguents & emplaftres,
car elle confolide extremement, & partant elle
eft bonne pour vieilles & nouuelles playes, le
premier eftant bien rectifié n'eft pas diffembla-
ble à l'efprit de vin pour fa fubtilité, & penetran-
te qualité, & on s'en peut profitablement feruir
dedans & dehors en caufes froides, particulierement en contraction de nerfs caufée par des
humeurs froides, mais pour lors il faut premierement frotter la partie contractée auec vn linge, afin qu'elle foit bien chaude, & la frotter
apres de l'huille auec la main chaude, car il fait

des chofes extraordinaires en femblables con-
tractions de nerfs.

De la mefme façon on peut tirer les huilles de
toutes les gommes, les rouges, tenaces & puantes huilles, de tartre, corne de cerf, ambre &c.
diftillées par la voye cõmune de la retorte font
auffi rectifiées auec lé'prit defel, de forte qu'elles
deuiennent tranfparentes, & perdent l'empireume qu'elles ont contracté par la diftillation.

Or la caufe de la noirceur & fetidité de cette
forte d'huilles, eft vn certain fel volatil, lequel
fe trouue auffi bien aux vegetaux, qu'à certains
animaux, & fe mefle aifement auec l'huille, &
lors la rend de couleur brune, car tout fel volatil, foit-il d'vrine, tartre, ambre, corne de cerf,
& d'autres vegetaux & animaux, eft de telle nature & condition qu'il exalte & altere les couleurs des chofes foulfreufes, foit pour le pis foit
pour le mieux, mais pour la plufpart, il rend les
huilles efpaiffes, noires & puantes comme tu
peux voir en l'ambre, corne de cerf & tartre. La
caufe donc de cette noirceur & fetidité des huilles eftant connuë, nous la pouuons empefcher
plus aifement par la diftillation, & l'ayant contractée, l'a corriger derechef par le moyen de
l'efprit de fel, car tous les fels volatils ont vne
contrarieté auec tous efprits acides, & de l'autre cofté chaque efprit acide a vne contrarieté
auec tous les fels volatils, qui ont la nature du
fel de tartre: car les metaux qui font diffouts
auec des efprits acides, font auffi bien precipi-
tez auec l'efprit d'vrine, ou quelque autre fel volatil, comme auec la liqueur de fel de tartre: ce

qui fera plus amplement declaré en la feconde
Partie.

C'eft pourquoy les efprits acides : côme du
fel, vitriol, alun, vinaigre &c. mortifient le fel
volatil, lequel dépourueu de fa volatilité, ainfi il doit eftre fixé, & parce moyen comme eftant
debilité il quitte fon compagnon apres l'auoir
noircy, il eft neceffaire de proceder auec ces
huilles fetides de la mefme maniere comme
s'enfuit.

Prends quelle huile fetide que ce foit, comme de tartre, d'ambre &c. & en remplis feulement la quatriefme partie d'vne cornuë de verre, fur laquelle verfe goute à goute de l'efprit
de fel, & il commencera d'eftre chaud. Comme
il a accouftumé de faire quand on verfe de l'eau
forte fur du fel de tartre ; c'eft pourquoy il faut
verfer l'efprit deffus peu à peu, crainte de rompre le verre, à prefent le figne pour connoiftre
que le fel volatil eft mortifié, eft lors qu'il ceffe
de faire du bruit, alors il n'en faut plus verfer
deffus, mais mettre ta retorte fur le fable, &
donner feu par degrez; comme on a accouftumé
de faire aux chofes qui fe leuént aifement, & il
fortira premier vne eau puante, apres laquelle
fort vne huile claire tranfparante & odorante:
& apres cela vne certaine huile iaune, claire &
de bonne odeur, mais non pas comme la 1.
C'eft pourquoy chacune doit eftre gardee fepa-
rement changeant de recipients. Alors ces huilles ont plus de pouuoir que les huilles fetides
qui fe vendent aux boutiques ; car ces huilles
gardent leur clarté & netteté ; la caufe de leur

feridité & rougeur eſtant titee hors par l'eſprit
de ſel, la noirceur du ſel volatil reſtant au fond
de la retorte auec l'eſprit de ſel, lequel peut
eſtre ſublimé en vn ſel odorant, ayant le gouſt
du ſel armoniac; cét eſprit de ſel eſt auſſi priué
de ſon acidité, & coagulé par le ſel volatil, ſemblable au tartre vitriolé, ſeruant aux meſmes
vſages : comme il ſera dit dans la ſeconde Partie
concernant l'eſprit d'vrine.

De la meſme façon ſont rectifiez les autres
huiles, leſquelles ont contracté par longueur de
temps vne lenteur : comme ſont les huiles de
canelle, macis, giroffles, &c. s'ils ſont retifiez par
la retorte, auec l'eſprit de ſel : car alors elles acquierent la meſme netteté & bonté qu'elles
auoient quand elles eſtoient nouuellement diſtillées.

Icy il faut que ie faſſe connoiſtre vne certaine
erreur des Medecins, non ſeulement des igno-
rans Galeniſtes, mais auſſi des Spagiriques, laquelle ils commettent dans la prepatation de
quelques Medicamens Chymiques : car beaucoup ſe perſuadent eux-meſmes, que l'huile de
tartre, de corne de cerf &c. ayant perdu leur
puanteur eſt vne medecine qui guerit radicale-
ment toutes obſtructions ; eſtant priſe auec vn
grain de ſel, quelques-vns ont retifié ces ſortes
d'huiles auec le vitriol calciné, & par ce moyen
leur ont fait perdre quelque choſe de leur empireume: mais auec toutes leurs vertus. Ce que
d'autres ayant obſerué ils ont conceu que la fetidité n'en doit pas eſtre oſtee, à cauſe que leur
vertu eſt perduë par là, comme ſi la vertu conſi-

ftoit dans la fetidité, mais c'eſt vne grande erreur, d'autant que la fetidité eſt vne grande en-
nemie du cœur & de ceruleau, n'ayant rien de
bon.

Il eſt conſtant que ceux qui tirent hors la fetidité de ces huilles, mortifient leurs vertus : mais
tu diras. Comme quoy donc procederons-nous
pour oſter la fetidité ſans en perdre les vertus ?
Les faut-il rectifier par l'eſprit de ſel comme tu
nous as maintenant monſtré ? R. Non : car
quoy que i'aye dit que les huilles peuuent eſtre
clarifiees par l'eſprit de ſel ; pour cela il ne s'enfuit pas que mon intention ſoit que cette clarification les amendaſt, puis que ce n'eſt ſeulement
qu'vne voye de clarification pour les rendre
plus agreables, & n'eſt pas à mépriſer ſi on n'en
connoiſt vne meilleure ; mais pour ſçauoir comme quoy elles doiuent eſtre rectifiées de leur fetidité & noirceur ſans perte de leurs valeurs, il
n'eſt pas à propos d'en parler en ce lieu, d'autant
que cela ne peut eſtre fait par ce fourneau : c'eſt
pourquoy ie remets le Lecteur à la ſeconde Partie, là où il ſera monſtré comment tels eſprits
peuuent eſtre rectifiez ſans aucune perte de leurs
vertus, & eſtant preparez de la ſorte ils peuuent
eſtre mis au rang du quatrieſme pilier de la Medecine. Ce ſont icy les choſes que i'auois deſſein
de te monſtrer, ou pour le moins de t'en donner
aduis, non à deſſein de t'offencer, mais ſeulement eſtant meu de pitié & compaſſion enuers
mon prochain.

La quinteſſence de tous les ve-
getaux.

VErſe ſur les eſpices, ſemences, bois, racines, fruits, fleurs &c. de l'eſprit de vin bien rectifié, & le mets en digeſtió pour en faire extraction, tant que toute l'eſſence ſoit extraicte par l'eſprit de vin, alors ſur cét eſprit de vin qui eſt impreigné, verſe du meilleur eſprit de ſel, & eſtant meſlez enſemble, mets les en digeſtion au ba.n, iuſqu'à ce que l'huille ſoit ſeparée & ſurnage ſur l'eſprit de vin, alors ſepare les auec vn verre de ſeparation, ou diſtille l'eſprit de vin au bain, & il ſortira vne huille claire, & ſi l'eſprit de vin n'en eſt point extraict, alors cette huille ſera auſſi rouge que ſang, & c'eſt la veritable quinte-eſſence du vegetable, que l'eſprit de vin auoit extraicte.

La quinteſſence de tous les metaux &
mineraux.

DIſſouts quel metal que ce ſoit (excepté l'argent, lequel doit eſtre diſſout en eau forte) dans du plus fort eſprit de ſel, & en tire le flegme par le baïn, & à ce qui reſte mets y du meilleur eſprit de vin, mets le en digeſtion, tant que l'huille nage au deſſus auſſi rouge que du ſang, & c'eſt la teinture & quinteſſence de ce metal, qui eſt vn precieux treſor pour la Medecine.

Vne huille rouge & douce des metaux & mineraux.

Dlſſouts vn metal ou mineral auec l'eſprit de ſel, diſſouts auſſi vn poids égal de ſel, de vin eſſencifié, meſle les diſſolutions, & les diſtille par la retorte à chaleur graduée, & il en ſortira vne huille douce auſſi rouge que du ſang, meſle auec l'eſprit de ſel, & quelque fois le col de la retorte, & le recipient ſeront de couleur de queuë de paon, de diuerſes couleurs, & quelque fois de couleur dorée.

Et d'autant que ie veux comprendre tous les metaux & mineraux dans vn procedé ſans aucune difference; que celuy qui veut faire l'eſſence d'argent prenne l'eſprit de nitre, & y procede de meſme façon. Comme il a eſté dit des autres metaux, & concernant l'vſage des eſſences, il n'eſt pas neceſſaire d'en parler beaucoup : car l'vſage en ſera deſcouuert à ceux qui connoiſſent la preparation, & pource qui concerne les huilles coroſiues des metaux & mineraux, ſçachant qu'elles ne ſçauroient eſtre décrites par vn ſeul procedé, il eſt iuſte d'eſcrire ce qui appartient à chacune en particulier, comme s'enſuit.

L'huille ou liqueur d'or.

DIssouts la chaux d'or en esprit de sel, (lequel doit estre tres fort, autrement il ne
la sçauroit dissoudre) manquant d'esprit tres-
fort, mesle y vn peu de pur salpestre, mais l'huille qui est faite auec l'esprit de sel tout seul, est la
meilleure : ce fait tire hors de l'or dissout, la
moitié de la dissolution, & il restera vne huille
corrosiue, sur laquelle verse du ius de citron, &
la dissolution deuiendra verte, & vn peu de feces tomberont au fonds, lesquelles peuuent estre
reduites en corps par la fonte ; crla fait, mets
cette liqueur verte au bain, & en tire le flegme,
& ce qui reste tire-le hors, & le mets sur le
marbre en vn lieu froid & humide, & il se re-
foudra en huille rouge, laquelle peut estre prise
par dedans, doucement sans aucun danger, gue-
rissant ceux qui ont esté offencez par le mercure ; mais elle est particulierement recommandan-
dable pour les vieux vlceres de la bouche, langue, ou gosier, prouenant de la grosse verolle,
lepre, scorbut &c. là où les huilles d'aut   choses ne peuuent pas seruir si doucement   il n'y a
point de meilleure medecine pour l'v   ration
& tumeurs des glandes, pour les vlcer   de la
langue & genciues, ny qui les mond   e plutost & confolide, mais il ne faut pas negliger les
purgations necessaires & sudorifiques, crainte
d'vne recheute, la cause n'en estant pas ostee.

   Et il n'y a nul danger, quoy que ce remede
                                              soit

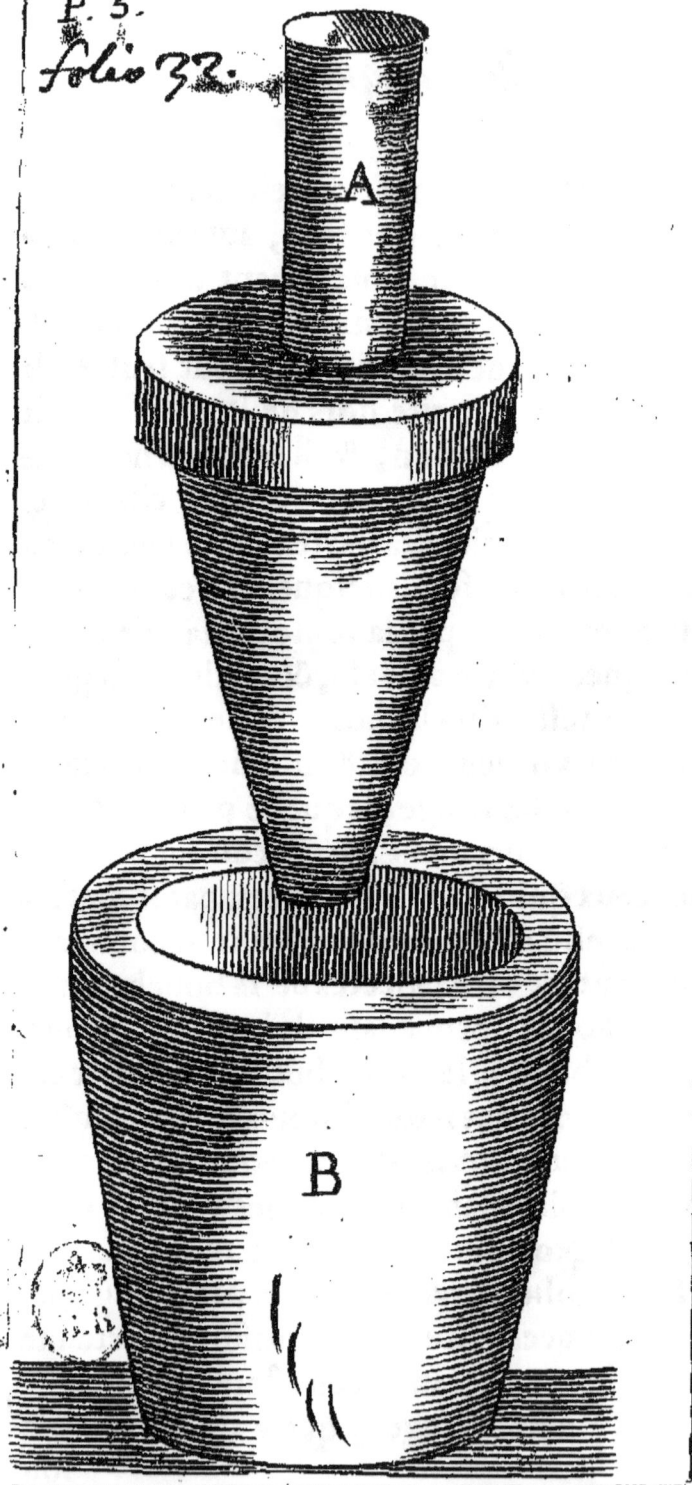

A

B

folio 133.

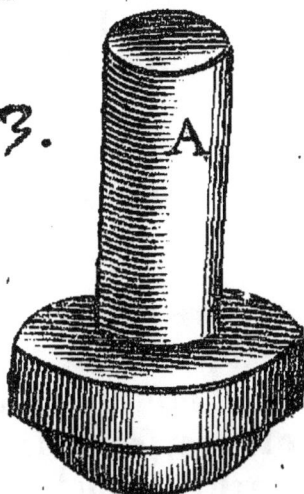

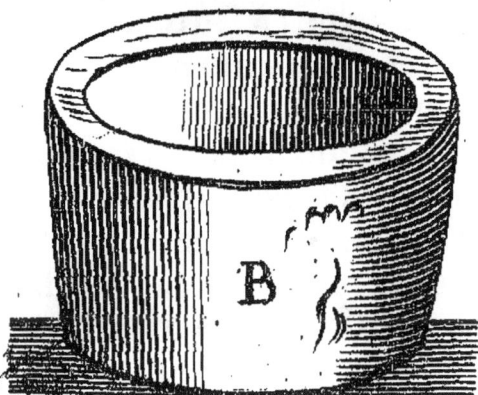

A

B

foit pris au dedans ou par dehors , comme eſt de
couſtume en l'vſage des autres medicaments &
gargariſmes , car on en peut prendre tous les
iours ſans danger , pour le moins trois fois ,
auec grande admiration de ſa prompte operation.

Huille de Mars.

DIſſouts des placques de fer tres deliées
auec eſprit de ſel , prends la diſſolution
qui eſt verte & douce au gouſt , & ſent comme
vn ſouffre fetide, ſepare la des feces par le filtre , puis en tire l'humidité ſur le ſable, par l'a-
lambic de verre, (à feu doux) elle ſera auſſi in-
ſipide que l'eau commune, la raiſon en eſt ,
parce que le fer par ſa ſechereſſe a fait attraction
de toute l'acidité vers luy, mais au fonds reſtera
vne maſſe auſſi rouge que ſang , bruſlant la langue de meſme que le feu, elle mange toute chair
ſuperfluë des playes ſans aucun danger, il la faut
garder dans vn verre bien bouché , de peur
qu'elle ne faſſe attraction de l'air , autrement
elle ſe reſoudroit en huille, laquelle ſera de
couleur iaune , mais celuy qui la deſire auoir en
huille, qu'il la mette ſur le marbre dans vne ca-
ue humide, & dans vn iour elle ſera reſoute en
huille, laquelle ſera de couleur entre iaune &
rouge, c'eſt vn excellent ſecret en tous les vlceres corroſifs, fiſtules, cancer , &c. Eſtant incomparable pour conſolider & mondifier, &
elle n'eſt pas ſans profit ſi on la meſle auec eau

C

commune pour en lauer les vieux , moifis &
fetides vlceres des iambes. Il la faut appliquer
bien chaude, car elle deffeiche & guerit promptement, fi auec tout cela on fe fert des purga-
tifs, elle guerit auffi toute galle & tigne. Cette
maffe rouge (auant qu'elle foit diffoute) eftant
mife auec l'huille de fable (lequel eft en la feconde Partie) fait croiftre vn arbre en l'efpace
d'vne ou deux heures, ayant racines, tronc, &
branches , lequel eftant tiré hors & feiché au
teft, rend de bon or, qu'il auoit tiré de la terre
ou dès cailloux, tu pourras examiner la chofe
plus curieufement.

Huille de Venus.

L'Efprit de fel ne trauaille pas fort facilement
fur le cuiure, finon qu'il foit auparauant
reduit en chaux , qui fe fait de cette façon.
Prends des lames de cuiure, & les faits rougir
dans vn creufet ouuert, & les efteints en eau
froide, elles s'écailleront en paillettes rouges,
faits rougir derechef les lames & les efteints,
retirer cela tant qu'ayes vne quantité fuffifante
de chaux , & eftant feichée & puluerifée, faits
en l'extraction auec efprit de fel rectifié fur le
fable, tant que l'efprit de fel foit fuffifamment
teint d'vne couleur verte, que verferas par inclination, & filtreras, puis en tite hors toute
l humidité fuperfluë, afin qu'il te refte vne huille verte & efpaiffe , laquelle eft vn excellent
remede pour les vlceres, principalement pour

ceux qui sont veneriens , estant appliqué au
dehors.

Huille de Iupiter , & de Saturne.

CEs deux metaux ne sçauroient non plus
estre aisement dissouts par l'esprit de sel,
neantmoins estant limez, ils sont dissouts auec
du meilleur esprit de sel rectifié, mais l'operation se fait mieux auec les fleurs desdits metaux (la preparation desquels sera monstrés
cy-apres) c'est pourquoy prend les fleurs, sur
lesquelles dans vn alambic de verre, tu verseras
de l'esprit de sel,& tout sur l'heure l'esprit commencera à trauailler , particulierement s'il est
mis en lieu chaud, filtre la dissolution iaune , &
en tire l'humidité , tant qu'il reste au fond vne
huille iaune & pesante, qui est bonne pour les
vlceres putrides,

Huille de Mercure.

CEluy cy aussi ne se dissout pas aisement
auec l'esprit de sel, mais estant sublimé
auec sel & vitriol, il est aisement dissout,& rend
vne huille fort corrosiue , l'vsage de laquelle
doit estre auec discretion; c'est pourquoy il ne
s'en faut pas seruir, excepté qu'on n'en peut
pas trouuer d'autre , car i'ay veu vne femme
qui a esté tuee subitement auec cette huille ,
estant appliquée par vn certain Chirurgien,

mais cette huille ne doit pas estre mesprisée
pour les vlceres, dartres, &c. lesquels elle mor-
tifie.

Huille d'Antimoine.

L'Antimoine qui n'a iamais esté fondu, est
dificilement dissout par l'esprit de sel, &
aussi le regule, mais le regule qui est en fine poudre est plus aisement dissout, pourueu que l'esprit soit suffisamment rectifié.

Le verre encore plus aisement, mais les plus
aisées à dissoudre sont les fleurs telles qu'elles
sont faites selon nostre precipitation qui sera
monstrée vn peu apres, mesme le beurre d'antimoine (qui est fait de Mercure sublimé &
d'antimoine) n'est autre chose que le regule
d'antimoine dissout auec l'esprit de sel : car le
mercure sublimé estant meslé auec l'antimoine,
sentant la chaleur du feu, est priué des esprits
corrosifs qui se ioignent auec l'antimoine; d'où
vient l'huille espaisse : & pendant ce temps là
le soulfre d'antimoine se ioint auec le vif argent, & il s'en fait vn cinabre, qui s'attache au
col de la retorte, mais le reste du mercure demeure au fond auec la teste morte, à cause qu'il
y en a fort peu qui distille, que si tu as de l'in-
dustrie tu recouvreras derechef tout le poids du
mercure.

J'ay bien voulu monstrer ces choses au Lecteur, à cause qu'il y en a beaucoup qui croyent
que cette huille est celle de mercure, & par là

cette poudre blanche qui se fait en y mettant
quantité d'eau, ils l'appellent, mercure de vie,
dans laquelle il n'y a point de meslange du tout
du mercure, car ce n'est autre chose que pur regule d'antimoine dissout auec l'esprit de sel, lequel est separé derechef, quand on verse l'eau
sur le beurre d'antimoine, comme il se voit par
experience. Car cette poudre estant seichée
& fonduë dans vn creuset, vne partie se reduit
en verre iaune, & l'autre en regule sans aucun
mercure.

Et par là il s'ensuit necessairement que cette
huille espaisse n'est autre chose qu'antimoine
dissout dans l'esprit de sel ; car les fleurs d'antimoine estant meslees auec l'esprit de sel, font
vne huille semblable en tout à celle qui est faite
auec l'antimoine, & mercure sublimé, laquelle
est aussi apres cela precipitee de la mesme façon en poudre blanche auec quantité d'eau,
qu'on l'appelle communement *Mercure de vie*,
on le tourne aussi par la mesme voye en bezoard
mineral, en faisant attraction de l'esprit de nitre, & ce n'est autre chose qu'antimoine diaphoretique.

Car il n'importe pas que ce diaphoretic soit
fait auec l'esprit de nitre, ou auec le nitre mesme corporel, pource qu'ils ont la mesme vertu;
quoy que quelques-vns estiment que celuy-là
doit estre preferé à l'autre : Mais la verité est
telle, qu'il n'y a point de difference, chacun soit
libre en son iugement. Ie n'ay pas escrit ces
choses par ambition, mais pour trouuer la
verité.

Maintenant reuenons à noſtre propos, lequel eſt de monſtrer à faire vne huille d'anti-moine auec l'eſprit de ſel.

Prends vne liure de fleurs d'antimoine (dont ſera parlé vn peu apres) ſur leſquelles verſeras deux liures du meilleur eſprit de ſel rectifié, meſle les bien enſemble dans vn verre, & les mets ſur le ſable vn iour & vne nuict pour diſ-ſoudre, alors verſe la diſſolution enſemble auec les fleurs dans vne retorte, qui ſoit lutee, laquelle mettras ſur le ſable & donneras feu doux, iuſqu'à ce que le flegme ſoit hors, apres en augmentant le feu, ſort vn eſprit foible, car le plus fort reſte au fonds auec l'antimoine ; alors donne grand feu, & il ſortira vne huille ſemblable au beurre d'antimoine fait auec le mercure ſublimé, laquelle ſeruira aux meſmes vſages, comme s'enſuit.

Les fleurs d'antimoine blanches & vomitiues.

PRends de ce beurre autant qu'il te plaira, lequel mettras dans vne cucurbite de verre, ou autre verre large, ſur lequel verſeras vne grande quantité d'eau, tant que les fleurs blan-ches ne ſe precipitent plus, alors tire l'eau par inclination, hors des fleurs, leſquelles edulco-reras auec eau chaude, & les ſeiche à chaleur douce, & tu auras vne poudre blanche.

La doſe eſt, 1. 2. 3 8. 10. grains, leſquels doiuent eſtre macerez l'eſpace d'vne nuit dans

du vin : ce remede eftant beu le matin , il pur-
gera par le haut & par le bas, mais il n'en faut
pas donner aux enfans, ny aux vieillards, ny à
ceux qui font foibles, mais à ceux qui font forts
& robuftes , & qui font accouftumez à vomir.
Lors qu'il ne peut pas operer , & que par fa
violence il rend le patient fort malade , il faut
qu'il fe prouoque le vomiffement auec le doigt;
autrement il ne reüffira pas, & rendra fort malades ceux qui en auront pris, & les debilitera
prefque iufqu'à la mort ; il faut auffi dans la
violence de ces fleurs donner à boire au patient
vn verre de biere chaude , ou pour le mieux de
l'eau chaude, dans laquelle ait boüilly du cer-
fueil ou perfil, & elles trauailleront plus medio-
crement. Mais que celuy qui eft capable de fup-
porter vne telle operation , ne fe rebute point
d'en prendre : car il y a grande efperance de re-
couurer fa fanté par là , pource que ce remede
purge parfaitement bien la colere , & euacuë le
flegme de l'eftomac , & les humeurs qui ne
veulent pas ceder à d'autres catartiques ; il ou-
ure les obftructions, prouenant de la putrefa-
ction du fang, qui eft le fondement de beaucoup
de maladies, comme font les fiévres, douleur de
tefte, &c. Elles font bonnes pour ceux qui ont
la lepre, fcorbut, pour les melancholiques, hi-
pocondriaques, verollez, & au commencement
de la pefte, enfin elles font de grands effets.

Apres qu'on les a prifes, il faut garder le lict,
ou pour le moins ne fortir point du logis, crainte de prendre l'air ; autrement on fe pourroit
tromper.

Et d'autant que leur violence les fait appre-
hender & fuir, ie monſtreray dans la quatrieſme Partie de ce Liure, pour l'amour des malades, vne preparation qui eſt entre deux & plus
douce, telle qu'elle fera pluroſt ſon operation
par les ſelles que par le vomiſſement, ou les vo-
miſſemens ſeront fort aiſez, que tu pourras donner aux enfans, & aux vieillards ſans aucun
danger, neantmoins conſiderant touſiours
l'aage & la maladie.

Les fleurs diaphoretiques d'antimoine.

SI les ſuſdites fleurs ſont iettées dans le nitre,
& laiſſées quelque temps en fonte, elles
ſont fixées, de façon qu'elles deuiennent diaphoretiques, & perdent leur vertu catartique.
L'eau acide eſtant ſeparée des fleurs, ſi elle eſt
euaporee, laiſſe vn tres bon eſprit de ſel qui ſert
derechef pour le meſme vſage ou autre ſemblable.

De l'vſage externe de l'huille corroſi-ue d'antimoine.

CEtte huille a eſté long-temps en vſage par
les Chirurgiens, car ils l'ont appliquée
auec vne plume ſur des playes preſque incura-
bles pour ſeparer les impuretez, afin que les
autres medicaments eſtants appliqués faſſent
mieux leur operation : mais elle eſt meil-

leure estans meslée auec l'esprit de sel, car
ils se meslent aisément, l'huille en denient plus
douce, & sa trop grande corrosion est corrigee
par là mesme. Il n'y en a point d'autre auec lequel cette huille se mesle qu'auec l'esprit de sel,
excepté le tres-fort esprit de nitre; car l'esprit
foible de l'antimoine precipite le beurre d'antimoine. Comme tu peux voir en la preparation du *bezoard mineral*, mais l'esprit tres fort
du nitre, dissoluant ce beurre, fait vne dissolution rouge qui a de grandes vertus dans les
choses Chimiques, dequoy nous ne traicte-
rons pas en ce lieu. Et s'il est derechef tiré par
distillation, il laisse derriere la premiere fois
vn antimoine fixe & diaphoretique, lequel
doit estre autrement tiré deux ou trois fois, s'il
est foible & incapable de dissoudre le beurre
sans precipitation.

Or ce bezoard est le meilleur, & le diaphoretique le plus doux, dans toutes les maladies
où la sueur est necessaire, comme la peste, la
verolle, fievres, scorbut, lepre &c. si on en
donne depuis, 6. 8. 10. iusqu'à 20. grains dans
des vehicules propres, il penetre tout le corps,
& euacuë toutes les mauuaises humeurs par la
sueur & par l'vrine.

De l'huille d'Arsenic, & de l'Orpiment.

DE mesme que l'esprit de sel n'agit point sur l'Antimoine, à cause de l'abondance de soulphre crud qui est en luy, s'il n'est premier reduit en fleurs, dans la preparation desquelles vne partie de son soulphre se brusle : de mesme façon l'arsenic & l'orpiment sont dificilement dissouts par l'esprit de sel, s'ils ne sont premier reduits en fleurs, & si l'esprit de sel n'est tres fort, afin qu'il soit capable d'agir sur eux. Il faut qu'ils soient distillez par la cornuë, comme l'Antimoine en vne huille pesante & espaisse, laquelle estant mise en vsage pour les chancres deuorans & vlceres, est beaucoup meilleure que celle d'antimoine pour mortifier, mondifier & purger leur malignité. De la mesme façon on peut tirer l'huille corrosiue de tous les realgars, seruant seulement pour l'vsage externe.

Huille de la Pierre Calamine.

PRenez de la meilleure pierre calamine iaune ou rouge, & la mettez en fine poudre : autant qu'il vous plaira, & mettez dessus cinq ou six fois autant du meilleur esprit de sel rectifié, remuez les bien ensemble, & ne les laissez pas long-temps sans remuer ; mais de temps en temps secoüez le verre auec les matieres, faisant

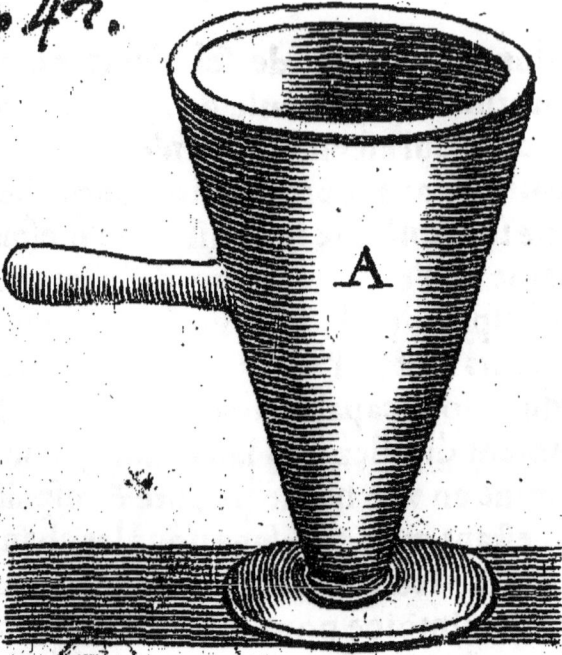

A

cela fouuent : autrement la pierre calamine fe
reduiroit en pierre, laquelle ne fe diffoudroit
plus, à quoy on obuie par cette reïteree fecouf-
fe : & lors que l'efprit de fel ne voudra plus fe
diffoudre à froid, mettez le verre fur le fable
chaud, tant que l'efprit foit teint d'vn iaune
obfcur, lequel verferez par inclination, & en
verfez de frais deffus, & le mettrez derechef en
digeftion pour extraire la teinture, n'oubliant
pas de fecoüer le verre fouuent. La diffolution
eftant finie filtrez-là, & iettez le refte de la tefte
morte. Apres mettez la diffolution fur le fable,
& luy donnez feu, & prefque les trois parts de
l'efprit de fel fortiront infipides, ce qui n'eft autre chofe que le flegme, pour fi bien que l'efprit
euft efté rectifié ; la raifon de cela eft la nature
feiche de la calamine, de laquelle l'efprit de fel
eft grand amy, & à caufe de cela tres difficile à
eftre feparé. Car ie n'ay iamais connu aucun
metal ny mineral (excepté le zein) qui excede
la calamine en feicherefle. A la fin lors qu'il ne
fort plus de flegme, laiffez refroidir le tout ; ce
fait tirez hors le verre, & vous trouuerez vne
huille rouge & efpaiffe, auffi graffe que l'huille
d'oliues, & qui n'eft pas beaucoup corrofiue,
car cet efprit de fel eftant prefque mortifié auec
la calamine eft priué de fon acidité. Il faut que
cette huille foit preferuee de l'air, autrement en
peu de iours il feroit attraction de l'air qui le
couuertiroit en eau, & par là deuiendroit
foible.

Cette huille a de tres grandes vertus, auffi
bien dedans que dehors le corps, & ie m'efton-

ne que dans vn si long espace de temps il n'y
ait eu personne, qui ait operé sur la pierre cala.
mire & décrit sa nature, veu qu'elle a en elle vn
souphre doré (desquelles choses est traitté au
quatriesme Liure) car si sa terrestreité estoit
separée artificiellement, on verroit du pur or se
manifester dedans : mais la pluspart est volatil
& immeur, & ne sçauroit estre aisement reduit
en corps par la fonte, ce qui a esté cause que
cette pierre n'a pas esté en estime parmy les
Chymistes, mais elle a esté toussours precieuse
aux sages, &c.

L'vsage de l'huille de la Pierre Calamine.

SI on la donne depuis 1. 2. 3. gouttes iusques
à 10. & 15. dans des vehicules propres, elle
purge l'hydropisie, lepre, goutte, & autres ma-
lignes humeurs qui sont fixées, & qui ne se veulent pas rendre aux cathartiques vegetables,
dequoy il est traitté plus au long en la seconde
Partie traittant de l'esprit d'vrine & du sel de
tartre. Elle sert au dehors pour vn excellent
baume vulneraire, duquel on ne sçauroit presque trouuer le semblable, non seulement en
guarissant les vieilles & corrompuës blesseures,
mais aussi celles qui sont recentes, car il desseï-
che puissamment, mondifie, & consolide.

On s'en sert aussi dans l'œconomie, car la glu
estant dissoute dedans il s'en fait vne certaine
matiere tenace qui sert à prendre les oyseaux

& les souris, &c. à la maison ou aux champs, veu
qu'elle subsiste aussi bien à la chaleur du Soleil,
qu'à la froideur de l'hyuer : c'est pourquoy on
s'en peut seruir en toute saison de l'année, toute sorte de petits animaux s'attachant à cette
matiere, quand ils ne feroient seulement qu'y
toucher.

Vne ligature en estant iointe & attachee au
tour d'vn arbre, empesche que les araignées &
autres sortes d'insectes ne nuisent au fruit, chose qui merite bien d'estre connuë.

Quoy qu'on verse de l'eau sur cette huille,
elle ne se corrompt pas , ny ne se precipite pas
comme fait celle d'antimoine, c'est pourquoy
on s'en peut seruir en beaucoup de choses, le
souphre commun estant boüilly dedans à feu
violent, tant qu'il soit dissout, nage pardessus
comme vne graisse , estant par ce moyen puri-
fié & rendu aussi transparent qu'vn verre iaune, & c'est vne meilleure medecine que les
fleurs comunes de souphre : elle sert aussi à beaucoup d'autres choses, lesquelles il seroit trop
ennuyeux d'escrire icy.

Cette huille estant meslee auec sable pur, &
distillee par la retorte à feu violent (autrement
l'esprit de sel ne voudra pas quitter la calamine) rend vn esprit grandement ignée, la pierre
calamine restant au fond de la retorte.

Cét esprit est si fort qu'il est presque impossible de le garder ; il dissout tous les metaux &
mineraux [excepté l'argent & le souphre] c'est
pourquoy on peut preparer quantité d'excellents medicaments par son moyen, ce qui ne

sçauroit estre fait par l'esprit commun si bien qu'il puisse estre rectifié : car quoy qu'il soit souuent rectifié, il ne sçauroit estre sans flegme, lequel ne peut être separé par la rectification, de mesme que par la pierre calamine.

Cét esprit fait beaucoup de choses dans la Medecine, dans la Chimie & autres Arts, comme tu peux aisement conceuoir : mais ie n'ay pas le temps d'en parler dauantage à present, neantmoins à la consideration des malades, ie diray vne chose à laquelle il y en a fort peu qui puissent estre égalees, te priant ne t'offencer point de la simplicité & brieueté de son procedé qui est comme s'ensuit. Mesle cét esprit auec du meilleur esprit de vin rectifié, digere les quelque temps, & l'esprit de sel fera separation de l'esprit de vin, & l'huille du vin nagera par dessus, le sel volatil estant mortifié. Cette huille est vn cordial incomparable, principalement si on abstrait la teinture des espices auec ledit esprit de vin auparauant l'auoir meslé auec l'esprit de sel, & si aussi auec le susdit esprit de sel on a dissout auparauant de l'or, car pour lors dans la digestion de ce meslange, l'huille de vin estant separé a attiré l'essence cordiale des espices, & autres vegetaux, estant extraits auparauant auec l'esprit de vin, comme aussi la teinture de l'or, & par consequent est renduë vne incomparablement bonne medecine vniuerselle pour toutes maladies, fortifiant l'humide radical, le rendant capable de vaincre ses ennemis, pour lequel nous auons à rendre graces à ce grand Dieu qui nous a reuelé vn si rare secret.

L'vsage de l'esprit de sel dans la cuisine.

ON s'en peut seruir au lieu de vinaigre ou verjus, au lieu de ius de limons, maintenant il faut que ie te monstre son vsage, en consideration du sain, aussi bien que du malade.

Que celuy qui veut preparer des poulets, pigeons, veau &c. premieremét mette vne quantité suffisante d'espices, de l'eau & du beurre, & apres à son plaisir vne grande, ou petite quantité d'esprit de sel : & par ce moyen la chair estát bouillie est plutost preste, que par la voye commune, & la chair qui est dure est renduë aussi tendre qu'vn poulet par l'addition de cét esprit ; mais celuy qui s'en voudra seruir au lieu de ius de limons auec de la chair rostie, il faut qu'il mette dedans de l'escorce de limon, d'autant qu'elle preserue de corruption, on s'en sert au lieu de verjus estant tout seul, ou meslé auec vn peu de sucre, s'il est trop acide.

Celuy qui voudra macerer du bœuf, & le rendre aussi tendre qu'vn cheureau, il faut qu'il dissolue plutost du tartre & vn peu de sel dans ledit esprit, premier qu'il trempe la chair dedans, & la chair ne sera pas seulement preseruee, mais sera renduë plus tendre ; or pour garder la chair vn long temps il y faut mesler vn peu d'eau, & presser auec des poids la chair, afin qu'elle soit couuerte de la saumure : car par ce moyen la chair fera preferuee long-temps.

De la mefme façon on peut preferuer tous les fruits des iardins, comme concombres, pourpier, fenoüil, geneft, capres d'Allemagne &c. & à la verité mieux que par le vinaigre. Comme auffi les fleurs & les herbes peuuent eftre long-temps preferuées par ce moyen, de telle façon que tu auras violole tout le long de l'hyuer.

Il preferue auffi le vin, fi on y en mefle vn peu, meslé auec le lait il precipite le fromage, lequel s'il eft bien fait ne fe corrompt iamais, femblable à ces fromages qu'on appelle parmefan, le petit lait qui en prouient diffout le fer, & guerit toute galle fi on s'en laue.

Par le moyen de l'efprit de fel, on fait vne tres agreable boiffon, auec du miel ou fucre, femblable prefque au vin, on fait auffi auec l'efprit de fel vn excellent vinaigre, femblable à celuy de Reims de certains fruits: telles & beaucoup d'autres chofes, lefquelles ie ne veux pas diuulguer à prefent, peuuent eftre faites auec l'efprit de fel.

Voila donc à peu pres l'vfage de l'efprit de fel, mais ne croy pas que ie t'aye découuert toutes chofes: car pour la brieueté & autres raifons, i'en paffe beaucoup fous filence, & mefme ie n'ay pas vne connoiffance vniuerfelle de tout: i'ay declaré ce que ie fçauois, afin que d'autres euffent par là le moyen de chercher plus auant.

Pour décrire toutes les vertus qu'il a, il faudroit compofer vn gros volume, ce que ie n'ay

pas refolu de faire à prefent, mais peut eftre vne
autre fois. Ie monftreray aufſi dans la feconde
Partie quelques fecrets qui doiuent eftre preparez par cét efprit : comme aufſi pour le dulci-
fier, pour extraire la teinture de l'or, & d'autres
metaux, laiſſant le corps blanc, laquelle teinture eſt vne medecine qui ne doit pas eftre mefprifée : c'eſt pourquoy voyant maintenant les
grandes chofes que cet efprit peut faire, chacun
en defirera vne grande quantité pour fon yfage,
principalement voyant que de tres excellents
efprits peuuent eftre faits d'vne façon plus aifée,
& par vne voye plus courte.

Pour diftiller vn efprit acide, ou vinai-gre, de tous les vegetaux, comme herbes, bois, racines, femences &c.

PRemierement, mets dans le fournéau vn
peu de charbons allumez, puis mets deſſus
le bois qui doit eftre diftillé, afin qu'il foit bru-
lé: duquel pendant qu'il brûsle fort vn efprit
acide qui va dans le recipient, & eftant con-
denfé il tombe dans vn autre recipient, prefque
femblable au vinaigre commun à fa fenteur:
c'eſt pourqnoy il eſt appellé le vinaigre du
bois.

Par cette manière tu peux tirer vn efprit acide
de tous les bois, ou vegetaux en grande quantité & fans frais, d'autant que le bois qui eſt à diftiller, eſt mis fur vne petite quantité de char-

D

bons ardents, & fur celuy là d'autre : car l'vn
allume l'autre. Cet efprit ne coufte pas dauantage que le prix du bois qui eft à d'iftiller, & de-
là il y a vne grande difference entre cette façon
de diftiller & la commune, car outre les retortes, il eft requis vn autre feu, & difficilement fe
peut-il diftiller hors d'vne grande retorte, plus
d'vne liure d'efprit, en l'efpace de cinq ou fix
heures. Mais dans la noftre en l'efpace d'vn
iour, fans aucun frais ny trauail on en peut extraire vingt ou trente liures, à caufe que le bois
qui doit eftre diftillé, doit eftre ietté immediatement dans le feu pour eftre diftillé, & non en
pieces mais entier. Or cet efprit (eftant rectifié) peut commodement feruir à diuerfes operations Chimiqnes : car il diffout aifement les
pierres des animaux, comme les yeux de can-
cres, la pierre des perches, & carpes, corails &
perles &c. de mefme que fait le vinaigre de vin.
Par fon moyen auffi on diffout les verres des
metaux, comme l'eftain, plomb, antimoine, qui
font extraicts & reduits en huilles douces.

Ce vinaigre eftant pris tout feul par le dedans
prouoque grandement les fueurs ; c'eft pourquoy il eft bon en beaucoup de maladies, fpecialement celuy qui eft fait de chefne, buys, ga-
iac, genieure, & autres bois pefants, car plus le
bois eft pefant, plus il rend d'efprit acide.

Par le dehors il mondifie les vlceres, bleffeures, confolide, efteint & mitige les inflamations
caufées par le feu, guerit la galle, fpecialement
la decoction du mefme bois eftant faite auec
ledit vinaigre, eftant meflé auec eau chaude pour

vn bain des parties baffes du corps, il guarit les maladies occultes des femmes , comme auffi les vlceres malins des iambes.

Pour les raifons fufdites , cet efprit merite bien d'auoir vne place dans les boutiques des Apoticaires, dont il eft iniuftement refetté , veu qu'il eft aifé à faire dans la diftillation de l'abfyn-the & autres vegetaux. Il refte au fonds du fourneau des cendres, defquelles eftant extrai-tes auec eau chaude, il s'en tire vn fel par deco-ction, lequel eftant derechef diffout par fon ef-prit ou vinaigre & filtré, le flegme eftant euapo-ré, & apres mis dans vn lieu froid, fe reduit en vn fel criftalin, qui eft de bon gouft, ne fentant pas la lexiue, & ne fe fondant pas à l'air comme les autres fels. Ce fel a plus d'efficace (eftant reduit en criftaux par fon propre efprit) que ce-luy qui eft fait par le moyen du fouphre, ou par l'eau forte, & l'huille de vitriol, & autres voyes que les Chimiques & Apoticaires ont en vfage.

L'efprit de Papier & de linge.

LEs pieces de linge affemblées de chez les Lingeres, & iettées dans le fourneau fur les charbons ardens, rendent vn efprit acide, lequel teint les ongles, le cuir & le poil d'vne couleur iaune, remet les membres deftruits par le froid, il eft bon pour la gangrene & erifipelles, fi on trempe vn linge dedans & l'applique deffus &c. l'efprit de pieces de Papier fait le mefme.

Esprit de Soye.

DE la façon ſuſdite on tire vn eſprit des pieces de ſoye, lequel n'eſt pas ſi rude que celuy du linge & du papier, & meſme ne teint pas
le cuir, mais il eſt excellent aux vieilles & nouuelles playes, & rend le cuir tres beau.

Eſprit du poil des hommes & autres animaux, comme auſſi des cornes.

ON tire auſſi vn eſprit des cornes & des
poils, mais il eſt tres fetide, c'eſt pourquoy
il n'eſt pas ſi bon pour l'vſage, quoy qu'autrement il peut ſeruir à diuers Arts : eſtant rectifié
il deuient clair ayant l'odeur de l'eſprit d'vrine, il
diſſout le ſouphre commun, & rend vne eau qui
guerit la galle en fort peu de temps.

A quoy auſſi ſont propres les morceaux des
draps qui ne ſont pas teints, eſtant iettez en bonne quantité dans le fourneau, les pieces de draps
trempées dans cet eſprit, & penduës dans les vi-
gnes & dans les champs, empeſchent les cerfs &
les ſangliers d'y entrer, d'autant qu'ils craignent
l'odeur de cet eſprit.

L'esprit de Vinaigre , de miel , & de Sucre.

CEluy qui voudra distiller des choses liqui-des , doit ietter des charbons ardents de-dans , comme par exemple dans le Vinaigre estant dans le fourneau ; ou si c'est du miel, ou du sucre, faites les premierement dissoudre dans de l'eau, & par ce moyen ils seront beus par les charbons , & en estant impreignez , il les faut apres ietter à diuerses fois dans le fourneau pour estre bruslez ; & lors que les charbons bruslent, ce qui est incombustible sort dehors , & par ce moyen on peut distiller les choses liquides en grande quantité.

Le Vinaigre qui est distillé de cette maniere, est de la mesme nature que celuy qui est distillé par les vaisseaux clos.

Mais le miel & le sucre qui sont distillez par cette maniere sont vn peu alterez, & acquierent d'autres vertus : mais ie monstreray dans la se-conde Partie, comme quoy on les peut distiller sans perte de leur esprit volatil , & par cette mesme voye toutes choses liquides peuuent estre beües par les charbons ardents & estre distillees.

Pour l'vsage du vinaigre distillé on en peut dire beaucoup de choses, mais parce que les li-ures des Chymistes en traittent assez abondam-ment, il seroit inutile de repeter ce qu'ils ont escrit. Or cecy vaut bien la peine d'en prendre

connoiſſance: c'eſt que le vinaigre le plus âcre
a vne grande affinité auec quelques metaux, leſquels par ſon moyen ſont extraits, diſſouts &
& reduits en medicaments. Certes beaucoup de
choſes peuuent eſtre faites par ſon moyen, comme le teſmoignent tous les Liures des Chymiſtes.

Mais il y a vn autre Vinaigre, duquel il eſt
ſouuentesfois parlé dans les Liures des Philoſophes, par le moyen duquel on fait quantité
de belles choſes dans la ſolution des metaux,
ſon nom a eſté tenu dans le ſilence par les anciens, & ie n'en traite point en cét endroit, d'autant qu'il ne ſçauroit eſtre fait par ce fourneau,
mais i'en traiteray ailleurs,

Comment il faut tirer les eſprits du ſel de tartre, du tartre vitriolé, de l'eſprit de ſel tartariſé, & autres ſemblables ſels fixes.

LEs Chymiſtes ont preſque tous eſté de cette opinion, qu'il ne ſe pouuoit tirer vn eſprit du ſel de tartre, & autres ſels fixes. Car l'experience nous fait voir que par les retortes on
n'en tire que peu ou point du tout, comme i'ay
ſouuent experimenté auparauant l'inuention de
ce fourneau. La raiſon de cela eſt l'addition du
ſable, terre, bol, poudre de brique &c. pour
empeſcher la fleur du ſel de tartre, eſtant diſ-
perſé par ce moyen; cela a eſté fait par l'igno-

rance des Autheurs, qui n'ont pas connu les
proprietez du fel de tartre. Car les chofes pier-
reufes, comme le fable, les pierres, le bol &c.
eftant meflez auec le fel de tartre, fentant la
chaleur du feu, & eftant rougis enfemble, ils fe
ioignent exactement de telle façon, qu'on n'en
fçauroit tirer l'efprit, qui deuient vne pierre tres
dure. Car le fable, & autres chofes qui luy ref-
femblent, ont vne fi grande affinité auec le fel
de tartre, que lors qu'ils font vne fois vnis il eft
difficile qu'ils puiffent eftre feparez; neantmoins
il fe peut faire par l'addition de pur fable ou
pierres : d'autant que toute la fubftance du fel
de tartre peut eftre tournée en efprit en l'efpace
d'vne ou de deux heures, comme il fera dit dans
la feconde Partie. Il excede tous autres medicaments en vertu pour la cure de la pierre & de la
goutte. Et fi par le regime de l'art eft laiffée vne
tefte morte dans cette diftillation, eftant diffoute
à l'air elle a le pouuoir de putrefier les metaux
eftant preparez & meflez auec, en l'efpace de
peu d'heures, de telle façon qu'elle les fera de-
uenir noirs, & croiftre de mefme que des arbres
auec leurs racines, troncs, & branches ; & plus
long temps vous les lairrez comme cela, & meilleurs en feront-ils.

De la chaux de Saturne fubtilifée, & du fel de
tartre, il s'en peut faire vn efprit graduatoire qui
a de grandes verus dans la Medecine & Alchy-
mie, il s'en fait par delique de la tefte morte vne
liqueur verte qui a de grandes vertus : ce qui té-
moigne bien que Saturne n'eft pas la plus baffe
des planetes, c'eft affez dit pour les fages.

D iiij

Et de mesme façon est fait le laict vir-
ginal, & le sang de dragon
Philosophique.

QVelquefois il se trouue vne certaine terre,
ou bol, qui a vne affinité auec le tartre, lequel estant meslé auec le sel de tartre, rend vn
esprit en petite quantité, mais dans ce fourneau
toutes les choses fixes peuuent estre éleuees,
d'autant que les especes n'y estant pas enfermees
mais dispersées, & iettees sur le feu, sont éleuees
au trauers de l'air, & estant refroidies dans les
recipients sont derechef condensées, ce qui ne se
peut si bien faire par vne retorte fermée.

Celuy donc qui voudra faire l'esprit de tartre, n'a besoin d'autre chose que de ietter le tartre calciné dans le feu, & il s'en ira tout en esprit: mais alors il est necessaire d'auoir des recipients de verre, d'autant que ceux de terre ne
les sçauroient retenir.

C'est icy le moyen par lequel tous les sels fixes sont distillez en esprit par le premier fourneau, dans le second il peut estre mieux fait &
plus aisement, où nous descrirons la preparation
& l'vsage tout ensemble.

Les Esprits, Fleurs, & Sels, des mineraux & des pierres.

PAr cette voye les Esprits de tous les mineraux peuuent estre éleuez, & aussi des pierres, sans addition d'autre chose : pourueu neantmoins que les mineraux & pierres, comme pierres à feu, cristal, talc, pierre calamine, marcassite, antimoine, estant broyez, soient iettez auec vne cueillere de fer sur les charbons, & ensemble auec vn certain esprit acide, s'éleueront des fleurs & quelque sel, lesquels il faut par apres lauer & oster du recipient & les filtrer, & les fleurs resteront dans le papier à filtrer : l'eau, l'esprit & le sel passeront au trauers du filtre, tous lesquels peuuent estre rectifiez & gardez chacun separement pour leur propre vsage. Mais il te faut bien choisir des mineraux qui n'ayent point senty le feu, si tu desires en auoir l'esprit.

Le moyen de reduire les metaux & mineraux en fleurs, & de leurs vertus.

IVsqu'à present les fleurs des metaux & des mineraux n'ont pas esté en vsage, excepté les fleurs d'antimoine & de souphre, lesquelles se subliment aisément, car les Chymistes n'ont pas osé entreprendre la sublimation des autres mineraux & metaux fixes, estant contents de leur diſſolution auec eau forte, & eaux corroſiues, les precipitant auec la liqueur de ſel de tartre, & apres les edulcorant & faiſant ſeicher. Les ayant preparez comme cela, ils les ont appellez leurs fleurs : or par mes fleurs i'entends cette matiere, laquelle par le moyen du feu ſans addition d'autre choſe, eſt ſublimée & changee en vne poudre ſubtile, qui ne peut eſtre apperceuë par les dents ny par les yeux, laquelle peut (à mon iugement) paſſer pour les vrayes fleurs : mais les fleurs que les autres font ſont corporelles, & ne ſçauroient eſtre ſi bien edulcorées, retenant quelque gouſt ſallé en elles, comme il ſe peut voir par l'augmentation de leurs poids, eſtant par conſequent dangereuſes aux yeux & autres parties.

Mais nos fleurs eſtant ſublimées toutes ſeules par la force du feu, ne ſont pas ſeulement ſans aucun ſel, mais ſont ſi ſubtiles, qu'eſtant priſes par dedans elles operent incontinent, & font voir leur vertu ſelon la volonté du Medecin, & leur preparation n'eſt pas ſi chere.

Comme auſſi les metaux & mineraux ſont meuris & amendez dans leur ſublimation, afin qu'on s'en puiſſe ſeruir auec plus de ſeureté, mais en d'autres preparations ils ſont plutoſt deſtruits & corrompus, comme l'experience le teſmoigne : l'enſeigneray preſentement la maniere de faire ces fleurs de chaque metal en particulier, afin que l'artiſte n'erre point dans ſa preparation, & premierement.

De l'Or & de l'Argent.

L'Or & l'Argent sont difficilement reduits en
fleurs, à cause que beaucoup sont d'opinion
qu'il n'y a rien qui sorte d'eux dans le feu, particulierement de l'or, quoy qu'il fust laissé là pour
tousiours. & quoy que cela soit vray, que rien
ne sorte de l'or dans le feu, quoy qu'il y demeure vn long temps, & fort peu hors de l'argent,
excepté qu'il y ait du cuiure ou autre metal meslé, lequel s'euapore peu à peu.

Surquoy ie dis que quoy que cela soit, neantmoins estant rompus, subtilisez & iettez sur les
charbons, & comme cela dispersez, ils peuuent
estre sublimez & reduits en fleurs par la force
du feu & l'assistance de l'air.

Mais durant que les susdits metaux sont
chers, & de grand prix, & le fourneau & les recipients deuant estre grands, ie ne desire pas que
personne les y iette, particulierement l'or, à cause qu'il ne le recouureroit pas tout, mais à ceux
qui desireront faire les fleurs, ie leur monstreray
vne autre voye dans la seconde Partie, par laquelle il les pourront faire sans aucune perte du
metail, là où ie renuoye le Lecteur, car ce fourneau ne sert que pour les metaux & mineraux
qui ne sot pas si precieux, desquels quoy qu'on en
perde vne partie ce n'est pas grand' chose, cecy
soit dit pour faire voir que l'or & l'argent quoy
que fixes, peuuent estre sublimez : Or les autres
metaux sont sublimez plus aisement, mais l'vn

plus facilement que l'autre, & ils n'ont pas befoin d'autre preparation que de les mettre en
grenaille auparauant que les ietter au feu.

Fleurs de fer & de cuiure.

PRends limaille de fer ou de cuiure, autant
qu'il te plaira, iette-la auec vne cueillere de
fer fur les charbons ardents, en la difperfant, &
il fe leuera hors du fer vne poudre rouge ; mais
hors du cuiure vne verte, & fe fublimeront dans
les vaiffeaux fublimatoires, & lors que le feu fe
diminue il le faut renouueller auec des charbons
frais, & continuer de ietter de la limaille tant
que tu ayes vne quantité fuffifante de fleurs,
alors laiffe les refroidir ; ce fait ofte les vaiffeaux
fublimatoires, & en ofte les fleurs & les gardes
car elles font tres bonnes fi elles font meflees
auec des onguents & emplaftres : & eftant prifes
par dedans prouoquent le vomiffement ; c'eft
pourquoy elles font meilleures pour la Chirurgie, il n'y a prefque rien qui leur puiffe eftre
égalé. Le cuiure eftant diffout en efprit de fel,
precipité auec l'huille de vitriol, edulcoré feiché & fublimé, rend des fleurs, lefquelles eftant
diffoutes à l'air en huille verte, font tres excellentes pour les bleffeures. Et pour les vieux &
putrifiez vlceres, c'eft vn precieux threfor.

Fleurs de Plomb & d'Eftain.

TV n'as pas befoin de reduire ces metaux en
limaille, il fuffit de les ietter vne piece apres
l'autre, mais il faut mettre fous la grille vn plat
de terre verny, remply d'eau, pour ramaffer ce
qui tombe fondu en bas, lequel tu tireras hors,
& le ietteras derechef fur le feu, & reïtereras cela, tant que tout foit reduit en fleurs, lefquelles
tu tireras apres que le vaiffeau fera froid, comme
a efté dit des fleurs de Mars & Venus. Ces fleurs
font excellentes, eftant meflées auec les emplaftres & onguents pour vieilles & nouuelles
playes, car elles ont plus de vertu pour deffeicher
que les metaux calcinez, comme l'experience le
certifie.

Du Mercure.

CEluy-cy eft aifement reduit en fleurs, à
caufe qu'il eft grandement volatil, mais non
par la fufdite voye, dautant qu'il faute dans le
feu, & cherche à defcendre. Mais fi tu defires
d'en auoir les fleurs, mefle-le premierement
auec du fouphre, afin que tu le puiffes pulueri-
fer, & le iette eftant mortifié, & fi tu iettes dans
vn creufet rougi au fourneau vn peu de mercure de temps en temps auec vue cueillere, il montera incontinent en haut, & vne partie fe refou-
dra en eau acide, laquelle doit eftre preferée aux

fleurs felon mon iugement, & le refte du mercure paffe dans le recipient, mais à cette affaire
il eft neceffaire d'auoir des vaiffeaux de verre,
d'autant que la fufdite eau fe perd dans la terre,
& cette eau fans nul doute fait quelque chofe
dans la Chymie : elle eft auffi bonne appliquée
par dehors, pour la galle, & vlceres veneriens.

Les fleurs du Zein.

C'Eft vn metal admirable, & qu'on a trouué par l'anatomie fpagirique eftre vn put
fouphre d'or immeur : eftant mis fur les charbons ardents il s'enfuit foudainement, eftant en-
flamé : vne partie duquel brusle comme fouphre, auec vne flame d'aurre couleur d'or pour-
pré, & rend de tres belles fleurs blanches, &
legeres.

Leur vfage.

EStant données depuis 4. 5. 6. iufques à 12.
grains, elles prouoquent grandement la
fueur, & quelque fois le vomiffement, & les fel-
les, felon la difpofition du mal. Les vertus de
ces fleurs eftant mifes en vfage par le dehors
font des effets incroyables ; On ne fçauroit trouuer des fleurs meilleures, car elles ne confoli-
dent pas feulement auec promptitude la chair
des playes nouuelles : mais auffi des vieilles, telles que font celles qui iettent de l'eau, enquoy

elles surpassent tous autres medicaments, ayant
vne telle seicheresse iointe auec vne vertu con-
solidante, de telle sorte qu'elles font tousiours
des effets incroyables. On s'en peut seruir de diuerses façons, comme de mettre de la poudre
seule pardessus, puis vn emplastre stictique, ou
en faire vn onguent auec miel & le mettre aux
blesseures : on les peut faire boüillir auec onguents à consistance dure pour en faire des su-
positoires à mettre dans les blessures, puis les
couurir d'vn emplastre, & se garder de l'air :
estant appliquées de cette façon, elles guerissent
fondamentalement, estant aussi meslées auec
emplastres elles font des merueilles.

Si elles font meslées auec vne eau rose, ou
eau de pluye, tant qu'elles soient vnies ensemble, & qu'apres on mette quelques goutes de ce
meslange dans les yeux tous les iours, cette eau
ne cede à autre ophtalmique pour les guarir.

Ces fleurs estant receuës sur vn linge, & iettées sur les endroits ou les enfans ont esté es-
chauffez par leur vrine (ce lieu estant premier
laué auec eau) les guerit promptement. Elles
guerissent aussi promptemét toute sorte d'exco-
riation, qui a esté contractée pour auoir esté
long-temps malade, si on en iette dessus.

Ces fleurs se dissoluent aussi plus facilement
dans les eaux corrosiues, que les autres metaux
& mineraux, & iamais leur esprit ne les quitte
au feu, & ne distille qu'vne eau insipide, lais-
sant vne huille grasse & espaisse, comme a esté
dit cy dessus de la pierre calamine, seruant pour
les mesmes vsages, mais auec plus d'efficace que

l'autre, cét esprit estant poussé hors par la violence du feu, acquiert vne telle force, qu'il est
presque impossible de le garder, & non seulement l'esprit de sel, mais aussi l'eau forte, & l'eau
royalle peuuent estre exaltées par ce moyen,
de telle façon qu'ils seront capables de faire de
grandes choses dans la separation des metaux;
Ce n'est pas icy le lieu d'en parler, ce sera dans la
quatriesme Partie.

Or tu n'as pas besoin de choisir des fleurs pour
ce trauail, d'autant que le zein crud fait le mesme, quoy que les fleurs vn peu mieux; d'où il
apparoist qu'vn metal contracte vn plus haut
degré de seicheresse dans la sublimation.

Fleurs d'Antimoine.

IL n'y a point de difficulté à faire les fleurs
d'antimoine, car les Chymistes les ont mises
en vsage il y a long-temps, & à cause que leur
preparation estoit ennuyeuse, elles n'estoient
pas venduës à vn bas prix.

C'est pourquoy persône n'a eu la volonté d'es-
sayer autre chose en elles, d'autant qu'on ne s'en
seruoit que pour faire vomir, la dose desquelles
estoit depuis 1. 2. 3. 4. iusqu'à 8. & 10. grains
pour les maux de l'estomac, & de la teste,
comme aussi aux fievres, peste, verole, &c. & il
ne se faut pas estonner si les Chymistes n'ont pas
essayé plus auant, car il se trouve des hommes
en ce temps icy qui se persuadent eux-mesmes
qu'il n'y a rien qui n'ait esté connu par les anciens

aiens sages , mais à la verité cette opinion est
grandement eronée, comme si Dieu auoit tout
donné aux anciens , & n'eust rien reserué pour
ceux qui sont venus apres, & mesme ils n'enten-
dent pas la nature dans leurs operations , laquelle trauaille continuellement , & ne se lasse
iamais , &c. Mais quoy qu'il en soit, il est eui-
dent que Dieu a reuelé en ce temps des choses
occultes , & il ne cessera de faire le mesme iusques a la fin du monde.

Mais pour reuenir à nostre discours, qui est
de monstrer vne voye plus aisée pour faire les
fleurs d'antimoine, par laquelle on en pourra
faire quantité, & qui puissent seruir à d'autres
vsages.

Prens de l'antimoine crud en poudre autant
qu'il te plaira, mais premier fais rougir ton fourneau , alors iette dedans à vne fois vne liure ou
enuiron d'antimoine , la dispersant sur les charbons ; & il fluëra incontinent , & se meslera
auec les charbons, & par la force du feu il subli-
mera au trauers de l'air dans les recipients ou
pots comme vne nuée, & se coagulera en fleurs
blanches. Notte que lors que les premiers charbons sont bruslez , il en faut mettre d'autres dedans pour continuer la sublimation, & il les faut
allumer auant les mettre dedans, autrement la
poudre des charbons montera auec les fleurs, &
leur donnera vne couleur grise ; mais il n'importe pas si tu ne desires t'en seruir pour prouoquer
le vomissement, car il n'y a point de danger,
d'autant que cette couleur ne prouient que de
la fumée du charbon , surquoy tu ne dois auoi

E

nulle crainte, mais que celuy à qui cette couleur
desplaist , allume les charbons auant les mettre au fourneau , & pour lors il aura des fleurs
blanches. Il ne faut pas auſſi fermer le trou du
milieu, par où les charbons & l'antimoine ſont
iettez dedans , afin que le feu bruſle plus aiſe-
ment , autrement les fleurs du pot plus haut ſe-
roient iaunes & rouges, à cauſe du ſouphre de
l'antimoine, lequel eſt ſublimé plus haut que le
regule : or vous pouuez par cette voye faire
vne liure de fleurs auec 3. 4. ou 5. liures de charbons, car il s'en va fort peu de l'antimoine , le
ſouphre combuſtible ſe bruſle , & tout le reſte
va en fleurs. Il faut auoir ſoin d'auoir quantité
de pots ſublimatoires, car il eſt requis vn grand
eſpace pour la ſublimation de ces fleurs.

Les fleurs prepareés par cette maniere, ne
ſont pas ſi cheres que celles qui ſont preparées
de l'autre façon , & auſſi elles ne ſont pas ſi
violentes, eſtant faites à feu de flame ouuert,
car elles ne prouoquent pas le vomiſſement
auec tant de violence ; de plus les fleurs du pot
plus bas proche du feu ne ſont pas vomitiues ,
mais diaphoretiques, comme ſi elles auoient
eſté preparées par le nitre : car celles-cy ſont
corrigées par le feu , & par ce moyen en vne
meſme preparation, on fait diuerſes fleurs ayant
diuerſes operations ; car les fleurs du pot bas
ſont diaphoretiques , celles du milieu vomitiues, & celles du deſſus violemment vomitiues:
car plus elles ont ſouffert du feu, elles ſont d'autant mieux corrigées ; d'où prouient la diuerſi-
té de leur pouuoir, c'eſt pourquoy il les faut

garder separement, les plus hautes pour les emplastres, ou pour faire du beurre ou huille soit
doux ou corrosifs, celles du milieu pour purger
& vomir, & les basses pour suer, estant plus excellentes que le *bezoard mineral*, *ou l'antimoine*
diaphoretique, fait auec le nitre. En verité ie ne
pense pas qu'il y ait vne voye plus aisée que la
nostre pour faire des fleurs vomitiues & diaphoretiques, mais pour leur vsage, il faut que
tu sçaches que celles qui sont vomitiues doiuent estre données à ceux qui sont forts & ac-
coustumez à vomir : mais aux enfans & vieilles
gens auec discretion, comme a esté dit du beurre d'antimoine : Pour celles qui sont diaphoretiques, elles peuuent estre données sans danger
aux ieunes & aux vieux, aux sains & aux malades, en toutes affections qui requierent la sueur,
comme en la peste, verole, scorbut, lepre, fievres &c. la dose est depuis, 3. 6. 9. 12. iusques à
24. grains auec de propres vehicules pour suer
dans le lict, car elles detruisent les mauuaises
humeurs, tant par les sueurs que par les vrines,
d'autar que celles qui sôt vomitiues sont en plus
grande quantité que celles qui sont diaphoretiques, & qui ne sont pas si necessaires que celles-cy, il est expedient que ie te monstre comme quoy il faut changer les vomitiues en
diaphoretiques. Cela se peut faire de trois façons, les deux premieres ayant desia esté mon-
strées concernant le beurre d'antimoine, fait
des fleurs auec esprit de sel, la troisiesme est celle-cy. Mets les fleurs d'antimoine dans vn creuset couuert (sans luter) afin que rien ne tombe

dedans, & ainſi les mets routes ſeules à feu me-
diocre, de relle façon qu'elles ne fondent point,
mais qu'elles rougiſſent l'eſpace de peu d'heures, apres laiſſe les refroidir, car elles ſont fixes
& diaphoretiques, quoy qu'elles ayent auparau-
auant fait attraction de quelque iauneur ou couleur de cendres, neantmoins par ce moyen elles
ſont renduës blanches & belles, fixes & diaphoretiques. On ſe ſerr auſſi de relles fleurs aux
emplaſtres ſtictiques à cauſe de la nature ſeiche,
de laquelle elles ſont doüées.

Elles ſont auſſi fonduës en verre tranſparant,
& il n'y a point de meilleure voye ny plus aiſée
pour reduire l'antimoine ſans addition en verre tranſparant, que lors que l'antimoine eſt
premierement ſublimé, puis fondu en verre.

Cette ſublimation ſert en lieu de calcination,
& par ce moyen vingt liures ſont plutoſt ſublimées que de l'autre façon vne liure n'eſt reduite
en chaux.

Et il n'y a point de danger d'eſtre incommo-
dé des fumées, d'autant qu'apres auoir ietté
l'antimoine dans le feu, vous pouuez vous retirer, ce qui eſt vne douce & aiſée calcination; là
où par la voye commune il faut que l'artiſte ſoit
continuellement preſent pour remuer la matiere, ou autrement retirer la matiere lors qu'elle
s'eſt priſe enſemble, pour la broyer derechef,
par où il a beaucoup à faire, auparauant que la
matiere deuienne blanche; mais par noſtre voye
la matiere eſt ſuffiſamment blanche à la premiere fois, & plus que par la commune calcination & agitation; c'eſt pourquoy ie ſuppoſe

que i'ay monstré la plus aisée façon à ceux qui
desireront faire le vetre d'antimoine, laquelle estant apprise, i'espero qu'il n'y a point d'hô-
me si fou qui vueille aller par vne voye si ennuyeuse que celle des anciens, mais qu'il sui-
ura mon instruction, par laquelle toute sorte de
Medecins seront capables de preparer eux-
mesmes les fleurs vomitiues & diaphoretiques, & aussi le verre d'antimoine transpa-
rant.

De ces fleurs on en peut faire des huilles
douces & corrosiues, & autres medicaments,
comme a esté dit de l'esprit de sel, & sera encore cy-apres dans la seconde Partie.

Celuy qui veut faire les fleurs du regule plus
belles que celles qui ont esté faites de l'antimoine crud, doit le ietter en poudre sur le feu, &
proceder en toutes choses comme dessus, & il
les aura faites &c. car elles sont aisement sublimées : or commé quoy le regule peut estre fait
auec facilité, tu le trouueras dans la quatriesme
Partie. Les scories sont aussi sublimées de telle façon que rien ne se pert : mais celuy qui voudra faire des fleurs qui se dissoluent en liqueur
à l'air, il faut qu'il ait du tartre calciné, ou autre sel fixe vegetable, & il aura des fleurs qui se
resoudrent en liqueur : mais celuy qui voudra
faire des fleurs rouges, aussi bien celles qui sont
diaphoretiques, que celles qui sont purgatiues,
y meslera du fer, & il aura des fleurs semblables
au cinabre, & s'il les desire vertes, qu'il y mesle du cuiure, & de couleur de pourpre, auec la
pierre calamine.

De mefme façon on peut faire les fleurs de
tous les mineraux , soit fixes ou volatils : car
estant iettez dans le feu ils sont forcez de fuir
en haut , & peuuent seruir diuersement dans la
Chirurgie , dans les emplastres & onguents:
car elles sont grandement astringentes & des-
seichantes, particulierement celles qui sont faites de la pierre calamine , celles qui sont faites
des marcassites d'or & d'argent ne doiuent pas
estre mesprisées : celles qui sont faites d'arsenic & orpiment sont des poisons , mais on s'en
sert pour l'vsage des Peintres. L'arsenic & l'orpiment estant calcinez auec le nitre , & apres
sublimez, donnent des fleurs qui peuuent estre
prises doucement par le dedans , chassant toute
sorte de poisons par les selles & les sueurs ; car
elles sont corrigées par deux façons, la premiere par le nitre, la seconde par le feu en les su-
blimant ; c'est pourquoy on ne doit pas les
craindre, veu que l'antimoine aussi estoit vn
poison auant la preparation, & plus grand est le
poison auparauant la preparation , plus est il
aussi par apres vne excellente medecine.

Il est parlé des fleurs de souphre dans la seconde Partie, & elles pourroient aussi estre faites par ce fourneau, sa nature & proprietez
estant connuës par vn artiste expert , autrement
il se brusleroit.

De mefme les pierres estant preparées sont
reduites en fleurs, & beaucoup d'autres choses,
desquelles il n'est pas necessaire de parler , mais
que celuy qui s'y plaist en fasse l'espreuue.

Or ie ne doute point que ie ne t'aye monstré

pleinement & clairement, comme quoy les
diſtillations ſe font par noſtre premier fourneau, c'eſt pourquoy ie veux finir à preſent.
Celuy qui connoiſtra & entendra la fabrique
de ce fourneau (ce qui peut eſtre entendu par la
deſcription qui en a eſté faite) auec ſon vſage,
ne deniera pas que ie n'aye fait vn bon trauail,
& ne deſaprouuera pas mon labeur.

C'eſt icy la meilleure maniere pour diſtiller
& ſublimer les choſes incombuſtibles. Dans la
ſeconde Partie, tu trouueras vn autre fourneau,
dans lequel ſont diſtillées les choſes combuſti-
bles & les eſprits tres ſubtils. Le premier fourneau ſert auſſi à d'autres vſages, comme pour
la ſeparation du pur de l'impur des metaux, &
pour faire le ſel central, & l'humide radical de
tous. Mais cela ne peut eſtre fait de la façon
ſuſdite, par laquelle les choſes ſont iettées ſur
le feu, pour en auoir les fleurs & eſprits : mais
par vne certaine façon ſecrete & Philoſophi-
que, par le pouuoir d'vn certain feu ſecret qui
a eſté caché par les Philoſophes, (lequel ie ne
proſtituë pas à tout le monde,) il ſuffit que ie
t'aye donné vne entrée pour chercher plus
auant, & que i'aye monſtré le chemin aux autres.

Fin de la premiere Partie.

www.ingramcontent.com/pod-product-compliance
Lightning Source LLC
Chambersburg PA
CBHW071206200326
41519CB00018B/5396